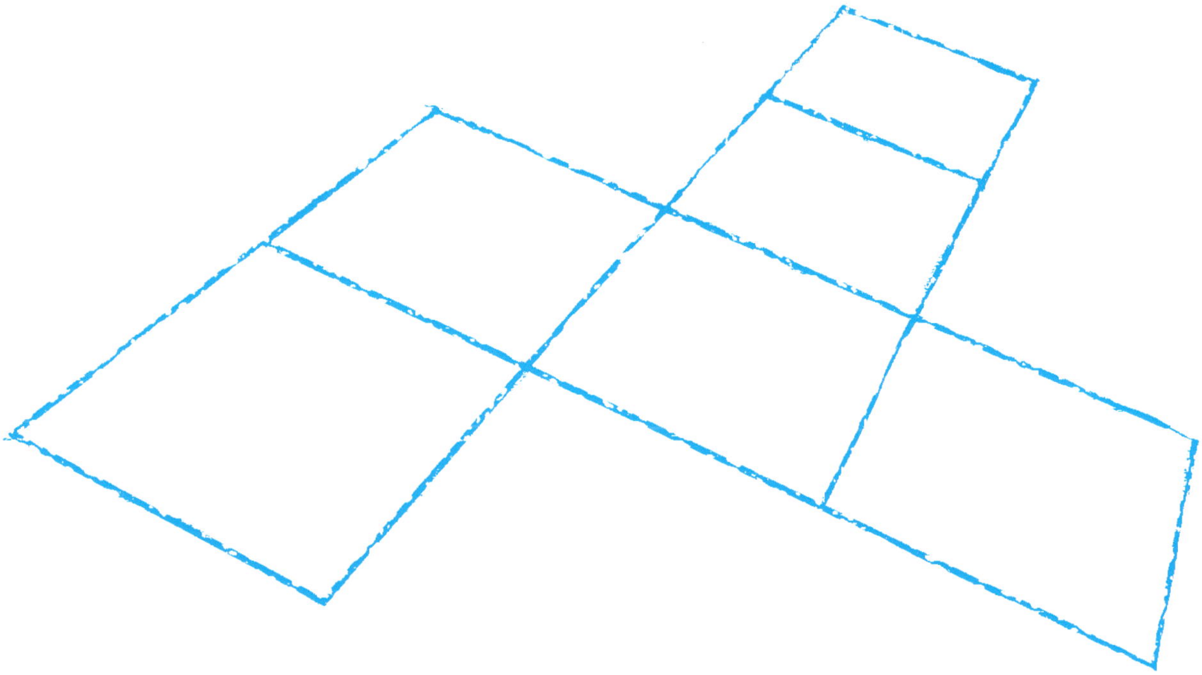

Das Mathematikbuch 1

Lernumgebungen

von
Walter Affolter
Heinz Amstad
Monika Doebeli
Gregor Wieland

bearbeitet von
Claudia Bärenfänger, Hanau
Maren Distel, Singen (Hohentwiel)
Florian Karsten, Stuttgart
Christoph Maitzen, Staufenberg
Hartmut Müller-Sommer, Vechta
Matthias Römer, Saarbrücken
Julia Sehling, Konstanz

beratende Mitwirkung:
Ursula Bicker, Bad Kreuznach
Hellen Ossmann, Bingen

Ernst Klett Verlag
Stuttgart · Leipzig

Das Mathematikbuch 1, Lernumgebungen

Begleitmaterial:
Das Mathematikbuch – Arbeitsheft (ISBN 978-3-12-700552-3)

1. Auflage 1 5 4 3 2 1 | 13 12 11 10 09

Autorinnen und Autoren: Walter Affolter, CH-Steffisburg; Heinz Amstad, CH-Zug; Claudia Bärenfänger, Hanau; Ingrun Behnke, Witten; Lothar Carl, Detmold; Maren Distel, Singen (Hohentwiel); Monika Doebeli, CH-St. Gallen; Katrin Eilers, Hannover; Florian Karsten, Stuttgart; Barbara Krauth, Darmstadt; Eckhard Lohmann, Hamburg; Christoph Maitzen, Staufenberg; Hartmut Müller-Sommer, Vechta; Matthias Römer, Saarbrücken; Julia Sehling, Konstanz; Gregor Wieland, CH-Wünnewil
Beratung: Ursula Bicker, Bad Kreuznach; Ursula Hollen, Bremen; Hellen Ossmann, Bingen; Holger Voss, Göttingen

Redaktion: Dr. Gudrun Pofahl, Elke Linzmaier
Mediengestaltung: Jörg Adrion
Umschlaggestaltung: Daniela Vormwald

Layoutkonzeption: Anika Marquardsen, Berlin
Illustrationen: Uwe Alfer, Waldbreitbach; Anika Marquardsen, Berlin; Lorenz Meier, Zürich
Umschlagfoto: Corbis (Gregor Schuster/Zefa), Düsseldorf
Satz: Satzkiste GmbH, Stuttgart
Reproduktion: Meyle + Müller Medien-Management, Pforzheim
Druck: Offizin Andersen Nexö, Leipzig

Printed in Germany
ISBN 978-3-12-700551-6

9 783127 005516

Liebe Schülerin, lieber Schüler,

jetzt bist du bereits in der 5. Klasse! Im Mathematikunterricht hast du schon vieles gelernt. Du kennst die Zahlen bis zu einer Million – oder sogar darüber hinaus. Du bist allen wichtigen Größen wie Längenmaßen, Gewichten, Raummaßen und Zeitmaßen begegnet. Vielleicht hast du während der Sommerferien aber auch das eine oder andere vergessen. Die ersten Seiten des Mathematikbuchs helfen dir, dich zu erinnern und einiges zu wiederholen. Viele mathematische Begriffe kannst du auch hinten im Buch nachschlagen.

Was wirst du im 5. Schuljahr lernen? Du lernst Bruchzahlen kennen und übst, mit Zirkel und Geodreieck umzugehen. Im Sachrechnen erwarten dich Themen wie Tiere, Sport, Bäume, Reiten, Bahn und Schiff; du wirst dich auch mit der Kriminalpolizei und mit Würfelspielen befassen.

Miteinander lernen

Mit anderen zusammen lernen macht oft mehr Spaß als allein hinter den Aufgaben zu sitzen. Die anderen können dir helfen, wenn du etwas nicht verstehst. Oder du kannst ihnen etwas erklären. Im Mathematikbuch sind einige Aufgaben gemeinsam zu lösen. Manchmal darfst du auch Aufgaben für andere erfinden.

Das versteh ich nicht!

Manchmal wirst du etwas nicht auf Anhieb verstehen. So geht es anderen auch. Gib nicht auf. Geh nicht einfach darüber hinweg, als ob nichts wäre. Lies die Aufgabe nochmals aufmerksam durch. Mach dir vielleicht eine Zeichnung dazu, besprich sie mit jemandem aus der Klasse oder frag deine Lehrerin oder deinen Lehrer.

Ausprobieren!

Ein Eichhörnchen bedeutet: Aufgabe zum Ausprobieren.

Lernen heißt auch Ausprobieren, Fragen stellen und Fehler machen. Ja, beim Mathematiklernen passieren Fehler. Das gehört dazu, wenn man etwas Neues lernt. Aus Fehlern kann man lernen. Aber wie? Streiche den Fehler durch und schreibe daneben, was du falsch gemacht hast, bevor du den Fehler berichtigst. So kannst du aus Fehlern lernen.

Rechentraining

Ein Skateboard bedeutet: Übungen zum Rechentraining.

In der Musik oder im Sport muss man immer wieder üben, bis man sicher ist. Das ist beim Rechnen genauso. Grundlegende Aufgaben muss man immer wieder trainieren. Gehe deshalb regelmäßig die Übungen zum Rechentraining durch. Du kannst allein oder mit anderen zusammen üben. Einige Übungen findest du in den Lernumgebungen, weitere findest du im Arbeitsheft.

[1] Kniffligere Aufgaben haben helle Aufgabenkästchen.

[L] ***Dieser zusammenfassende Kommentar gibt deiner Lehrerin oder deinem Lehrer einen Uberblick, was ihr hier lernt.***

Vielleicht ist Mathematik dein Lieblingsfach, vielleicht auch nicht. Wir möchten, dass du mit dem Mathematikbuch möglichst viel und gerne lernst.

Wir hoffen, dass du mit diesem Buch viele Entdeckungen im Reich der Zahlen und Figuren machen kannst. Wir wünschen dir viel Spaß.

Inhalt

L *Leitideen:*
L1 Zahl; L2 Messen; L3 Raum und Form; L4 Funktionaler Zusammenhang; L5 Daten und Zufall

	Lernumgebung	Inhalt	Leitideen nach KMK-Standard				
26	Mit dem Schiff zum Meer	Textverständnis, Größen	L1	L2			
27	Staffellauf	Strecken und Zeiten berechnen		L2			L5
28	Kriminalpolizei	Kombinatorik	L1				L5
29	Bruchteile von Größen	Bruchteile bestimmen	L1	L2			
30	Bruchteile legen und zeichnen	Addieren, Subtrahieren	L1		L3		
31	Zahlenrätsel	Terme verbalisieren	L1				
32	Versteckte Zahlen	Umkehrrechnung, Gleichung, Ungleichung	L1			L4	
33	Klammern und Rechenbäume	Terme mit Klammern	L1				
34	Dezimalbrüche und Zahlenstrahl	Verfeinerung des Zahlenstrahls	L1				
35	Dezimalbrüche und Stellentafel	Zahldarstellung, Zehnerpotenzen	L1				
36	Körper aus Würfeln	Räumliches Vorstellungsvermögen, Schrägbild			L3		
37	Quaderansichten	Räumliches Vorstellungsvermögen, Quadernetz			L3		
38	Würfelspiele	Spielstrategien	L1				L5
39	Spitze!	Rangliste, Diagramm		L2			L5
40	Wie alt werden Bäume?	Textverständnis	L1				
41	Päckchen schnüren	Räumliches Vorstellungsvermögen			L3	L4	
42	Schätzen und runden	Größen schätzen, runden, Überschlag	L1				
43	Rauminhalt (Volumen)	Volumeneinheiten, Terme		L2	L3		
44	Besondere natürliche Zahlen	Primzahlen, Quadratzahlen	L1				
45	Teiler – Vielfache	Teilbarkeitsregeln, kgV, ggT	L1				
46	Jakob Steiner	Gerade, Schnittpunkt, Zerlegungsproblem	L1			L4	

1 Größen bei Flugzeugen

Vielleicht hast du schon einmal Quartett gespielt. Dabei werden häufig Daten miteinander verglichen.

Airbus A320

Spannweite	34 m 10 cm
Länge	37,57 m
Höhe	1200 cm
Maximales Startgewicht	73 500 kg
Maximales Landegewicht	64,500 t
Nutzlast	16 t 100 kg
Reisegeschwindigkeit (km/h)	840
Treibstofftanks	23 900 l
Reichweite	3200 km
Passagiere	150

Airbus A321

Spannweite	34 m 10 cm
Länge	44,51 m
Höhe	1200 cm
Maximales Startgewicht	89 000 kg
Maximales Landegewicht	75,500 t
Nutzlast	19 t 800 kg
Reisegeschwindigkeit (km/h)	840
Treibstofftanks	23 700 l
Reichweite	4200 km
Passagiere	182

Airbus A340-600

Spannweite	63 m 45 cm
Länge	75,30 m
Höhe	1730 cm
Maximales Startgewicht	368 000 kg
Maximales Landegewicht	259,000 t
Nutzlast	47 t 700 kg
Reisegeschwindigkeit (km/h)	905
Treibstofftanks	195 900 l
Reichweite	14 260 km
Passagiere	306

Airbus A319

Spannweite	34 m 10 cm
Länge	33,80 m
Höhe	1200 cm
Maximales Startgewicht	68 000 kg
Maximales Landegewicht	61,000 t
Nutzlast	12 t 500 kg
Reisegeschwindigkeit (km/h)	840
Treibstofftanks	23 900 l
Reichweite	3400 km
Passagiere	126

Airbus A380

Spannweite	79 m 80 cm
Länge	73 m
Höhe	2410 cm
Maximales Startgewicht	560 000 kg
Maximales Landegewicht	386,000 t
Nutzlast	66 t 400 kg
Reisegeschwindigkeit (km/h)	1100
Treibstofftanks	310 000 l
Reichweite	15 200 km
Passagiere	525

1

a. Berechne die Unterschiede der Spannweiten, der Längen und der Höhen zwischen den Flugzeugen.

b. Berechne den Unterschied des Start- und Landegewichts bei jedem Flugzeug. Woher kommt der Unterschied? Vergleiche diesen Unterschied mit der Nutzlast.

c. Welche Flugzeuge könnte man auf den Schulhof stellen? Miss nach.

L *Größen vergleichen. Mit Größen rechnen. Tabellen lesen.*

2 Für 100 km braucht der Airbus A 319 etwa 600 l Treibstoff.

a. Wie viele Liter braucht er für die verschiedenen Flugstrecken ungefähr?

b. Wie weit kann er mit dem vollen Treibstofftank ungefähr fliegen? Vergleiche mit der Reichweite auf der Spielkarte.

3 Ein Flugzeug fliegt eine Woche lang täglich von Frankfurt am Main zu einer europäischen Stadt und zurück.

a. Welche Strecke legt es zurück?

b. Wie lange ist die wöchentliche Reisedauer?

Ab Frankfurt am Main

Ziel	Strecke	Reisedauer
Amsterdam	500 km	1 h 10 min
Athen	2600 km	2 h 40 min
Berlin	600 km	1 h 05 min
Brüssel	500 km	0 h 55 min
Budapest	1000 km	1 h 30 min
Kopenhagen	800 km	1 h 20 min
Lissabon	2300 km	2 h 55 min
London	700 km	1 h 35 min
Madrid	1800 km	2 h 30 min
Oslo	1400 km	1 h 50 min
Paris	600 km	1 h 10 min
Prag	500 km	1 h 00 min
Rom	1300 km	1 h 45 min
Stockholm	1400 km	2 h 00 min
Wien	700 km	1 h 20 min

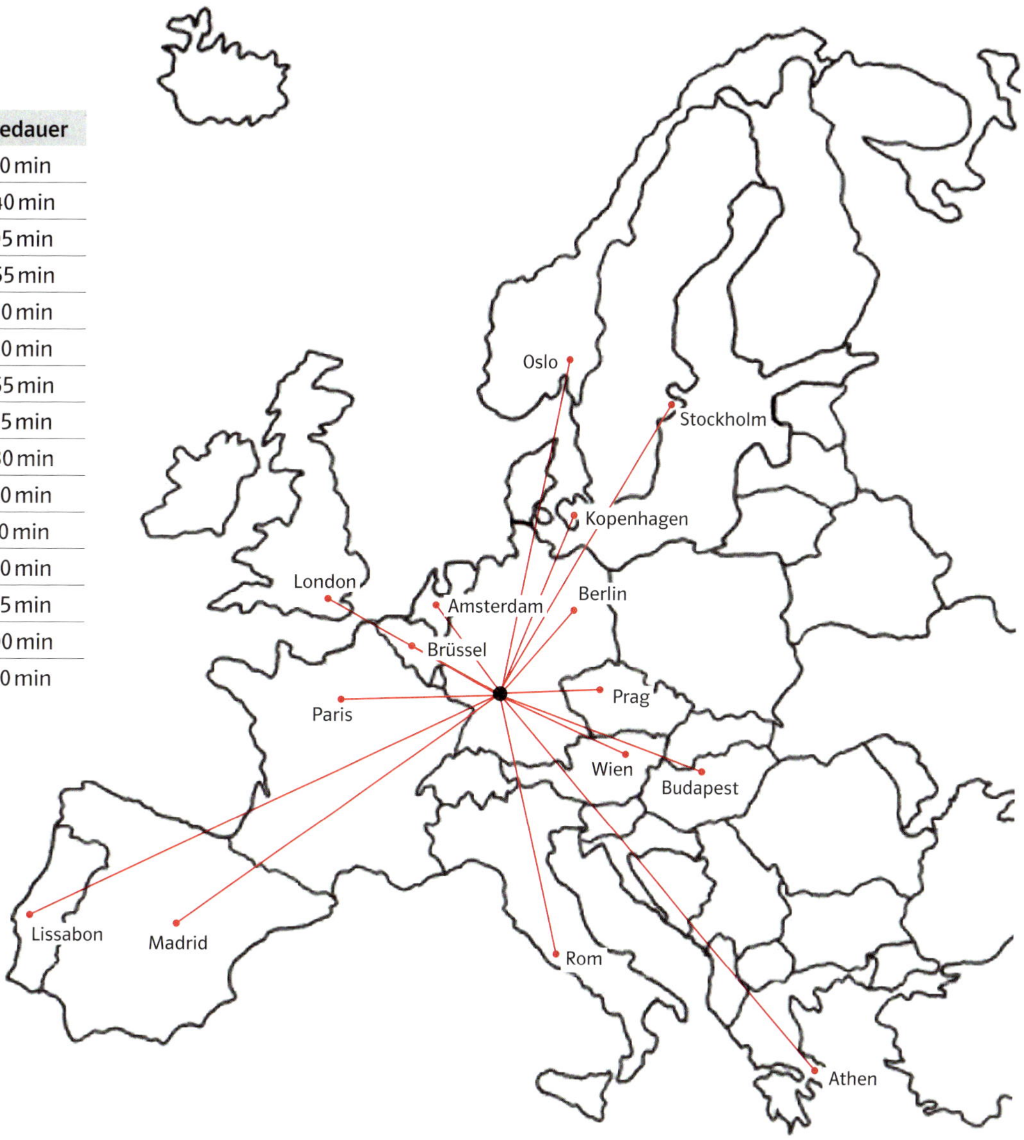

4 Stelle selbst weitere Aufgaben zusammen. Gib sie anderen zum Lösen.

5 Faltet Papierflieger. Welcher fliegt am weitesten?

2 Größen bei Bienen

Hast du dich schon einmal gefragt, wo der Honig herkommt oder wie viel Arbeit in einem Glas Honig steckt?

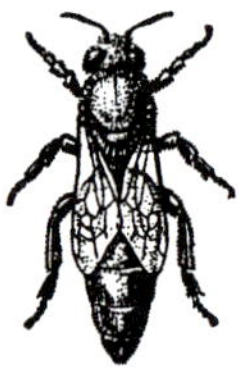

Königin

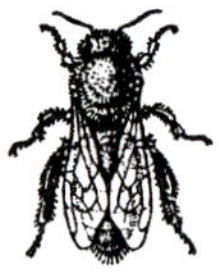

Arbeitsbiene

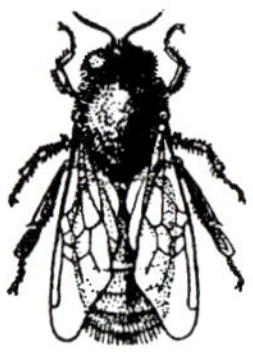

Drohne

Ein durchschnittliches Bienenvolk besteht aus 30 000 Bienen. Die meisten sind Arbeitsbienen. In ihrer Mitte lebt die Königin. Sie legt vom Frühling bis zum Sommer jeden Tag 1000 bis 2000 Eier. In einem Bienenvolk gibt es auch männliche Bienen. Man nennt sie Drohnen. Etwa 2 von 100 Bienen sind Drohnen.

Die jungen Arbeitsbienen bleiben im Bienenstock. Sie halten alles sauber, pflegen die Königin und die Brut und bauen neue Wachswaben. Wenn sie 20 Tage alt sind, fliegen sie aus. Sie sind jetzt Sammelbienen und bringen für die ganze Bienengemeinschaft Nahrung (Wasser, Blütenstaub und Nektar) in den Bienenstock. Sammelbienen fliegen etwa zehn Tage aus und sterben dann.

Nektar ist eine wässrige Zuckermischung. Aus 3 g Nektar entsteht 1 g Honig.

Wenn 100 Bienen je einmal ausfliegen, sammeln sie etwa 5 g Nektar. Davon verbrauchen sie ungefähr 2 g. Aus dem Rest entsteht Honig.
An einem sehr guten Tag unternimmt die Sammelbiene 20 Ausflüge. Jeder Ausflug dauert etwa 30 Minuten. Kein Wunder, reden wir vom sprichwörtlichen Bienenfleiß! Sammelbienen entfernen sich selten weiter als etwa 1500 m vom Bienenstock. Sie können in einer Sekunde 6 m weit fliegen.

1 Oben sind die Bienen in Originalgröße abgebildet. Miss die Länge der Körper und einzelner Körperteile.

(Längen in mm)	Königin	Arbeitsbiene	Drohne
Beine			
Flügel			
Fühler			
ganze Biene			

2 Wie lange braucht eine Biene, um 1500 m zurückzulegen? Wie lange brauchst du für die gleiche Strecke?

L *Informationen aus einem Text entnehmen. Mit Größen rechnen.*

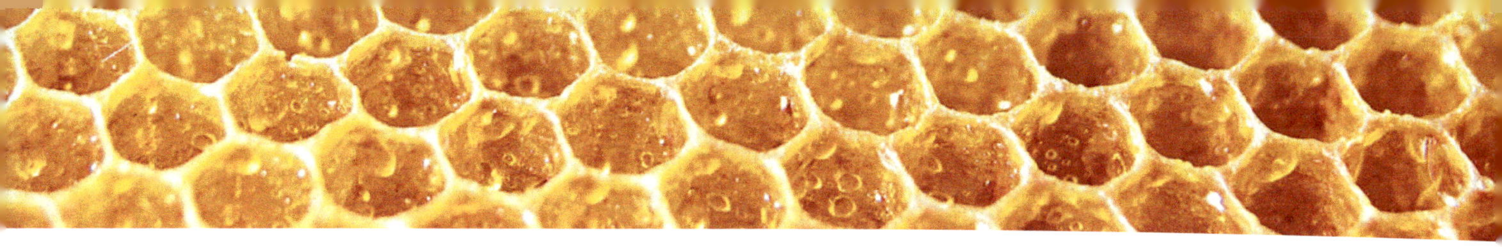

3 Erstellt gemeinsam Tabellen für 1 und z. B. für 10 oder 100 sehr gute Sammeltage.

Beispiel für 1 Sammeltag

Anzahl Bienen	10	1000	10 000
Anzahl Ausflüge	200		
Gesammelter Nektar	10 g		
Verbrauchter Nektar	4 g		
Nektar für Honig	6 g		
Honig	2 g		

4 Ergänze die Tabelle in deinem Heft.

Anzahl Bienen	50	100	150	200					
Anzahl Drohnen		2			5	50	100	150	200

5

a. Wie viel Nektar sammelt eine Biene in ihrem Leben?
b. Wie viele Rotkleeköpfe müsste eine Biene für diese Menge Nektar besuchen?
c. Wie viele Rotkleeköpfe sind ungefähr auf dem Bild zu sehen?
d. Wie viel Honig kann von diesem Feld geerntet werden?

Eine Biene muss etwa 125 Rotkleeköpfe besuchen, bis sie 1 g Nektar gesammelt hat.

6 Wie viele Bienen müssen ihr ganzes Leben für einen Löffel Honig oder für ein ganzes Glas Honig arbeiten?

7 Stelle selbst weitere Aufgaben zusammen. Gib sie anderen zum Lösen.

3 Natürliche Zahlen

Wie zählen deine Mitschülerinnen und Mitschüler aus anderen Ländern?
Wie viel ist denn wirklich eine Million? Was stellst du dir unter dieser Zahl vor?

1	2	3	4	5	6	7	8	9	10
eins	zwei	drei	vier	fünf	sechs	sieben	acht	neun	zehn
one	two	three	four	five	six	seven	eight	nine	ten
un	deux	trois	quatre	cinq	six	sept	huit	neuf	dix
uno	due	tre	quattro	cinque	sei	sette	otto	nove	dieci
bir	iki	üç	dört	beş	altı	yedi	sekiz	dokuz	on

Sprechweisen für 8356

achttausend – dreihundert – sechs – und – fünfzig
eight thousand – three hundred – and – fifty – six
huit mille – trois cent – cinquante – six
ottomila – trecento – cinquanta – sei
sekiz bin – üç yüz – elli – altı

1 Tom und Lisa haben mit jeweils vier Plättchen in einer Stellentafel Zahlen dargestellt.

M	HT	ZT	T	H	Z	E
•		••		•		

Lisa: eine Million zwanzigtausendeinhundert 1 020 100

Tom: eine Million einundzwanzigtausend 1 021 000

M	HT	ZT	T	H	Z	E
•		••	•			

Lisa hat ein Plättchen von den Hundertern zu den Tausendern verschoben. Sie schreibt folgende Rechnung auf:

1 020 100 – 100 + 1000
= 1 021 000

a. Lege verschiedene Zahlen und gib sie deiner Nachbarin zum Lesen.
b. Lege Zahlen, die mit vier Plättchen in dieser Stellentafel möglich sind, lies sie und notiere jeweils die 20 größten und die 20 kleinsten Zahlen der Größe nach.
c. Welche Zahlen kannst du erhalten, wenn du zu Toms ursprünglicher Zahl ein Plättchen hinzufügst? Wie verändert sich Toms Zahl?
d. Welche Zahlen kannst du erhalten, wenn du von Lisas ursprünglicher Zahl ein Plättchen wegnimmst? Wie verändert sich Lisas Zahl?
e. Verschiebe jeweils ein anderes Plättchen von Toms ursprünglicher Zahl. Wie verändert sich die Zahl jetzt? Wieso ist das so? Schreibe passende Rechnungen auf.
f. Erfinde selbst Aufgaben und gib sie deinem Nachbarn zum Lösen.

2

M	HT	ZT	T	H	Z	E
	4	6	7	9	1	3

► **Kopiervorlage: Stellentafel**

0 2 5 8

a. Hier wurde aus 6 Ziffernkarten eine Zahl gelegt. Lege mit den gleichen Karten möglichst große und möglichst kleine sechsstellige Zahlen. Notiere sie der Größe nach.
b. Wähle selbst sechs verschiedene Kärtchen aus und lege damit Zahlen, die möglichst nahe bei 500 000 liegen. Welche davon ist die nächstliegende Zahl?
c. Die Ziffern der Zahl sind 2; 3; 5; 6; 8 und 9. Die Zahl ist kleiner als 900 000 und größer als 860 000. Die Einerziffer ist dreimal so groß wie die Hunderterziffer. Welche Zahlen können es sein? Probiere.
d. Erfinde selbst solche Rätsel wie in b. oder c. und stelle sie deiner Nachbarin vor.

L *Zahlen lesen, schreiben, Stellenwerte erkennen.*
Zahlen am Zahlenstrahl darstellen, runden, sich große Zahlen vorstellen.

3 Rechentraining

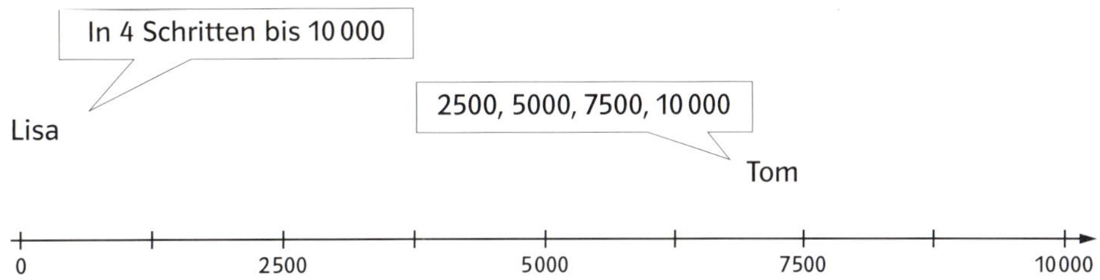

a. Zähle am Zahlenstrahl von 0 ab in 8 Schritten bis 10 000.
b. Zähle ebenso in 8 Schritten bis 1000 und bis 1 000 000.
c. Zähle ebenso in 5 und in 10 Schritten bis 100 und bis 100 000.
d. Stellt euch gegenseitig weitere solche Aufgaben.

Die Zahl 172 615 liegt zwischen 100 000 und 200 000. Sie liegt näher bei 200 000. Die nächstliegende Hundertausenderzahl ist 200 000.

Die Zahl 172 615 liegt zwischen 170 000 und 180 000. Sie liegt näher bei 170 000. Die nächstliegende Zehntausenderzahl ist 170 000.

Die Zahl 172 615 liegt zwischen 172 610 und 172 620. Sie liegt gleich weit von beiden entfernt. Wir vereinbaren: Liegt eine Zahl genau in der Mitte zwischen zwei Stufenzahlen, so runden wir immer auf die nächstgrößere der beiden.

4 Die Zahl 172 615

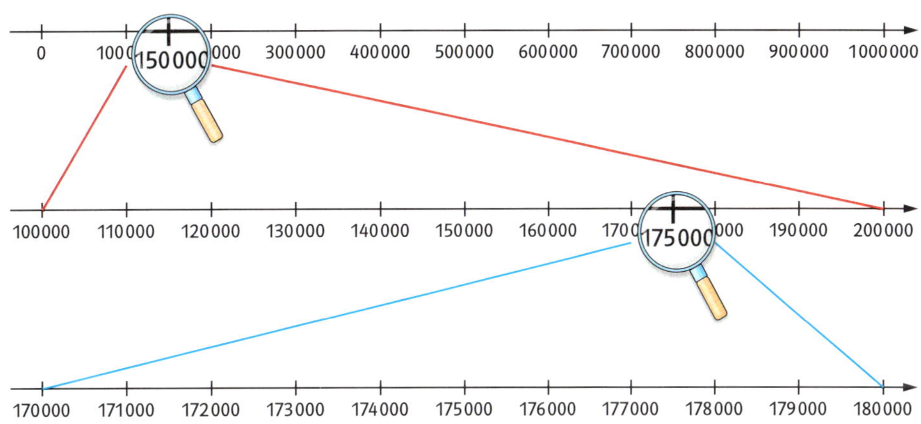

a. Zeige an jedem der Zahlenstrahlausschnitte, wo ungefähr die Zahl 172 615 liegt.
b. Zeige an den passenden Zahlenstrahlausschnitten die nächstliegende Hunderttausenderzahl, die nächstliegende Zehntausenderzahl und die nächstliegende Tausenderzahl und notiere sie.
c. Zeichne passende Zahlenstrahlausschnitte in dein Heft, um die nächstliegende Hunderterzahl und die nächstliegende Zehnerzahl zu zeigen. Was nun?
d. Denke dir eigene Zahlen aus und verfahre wie mit der Zahl 172 615.

5 Nimm Millimeterpapier.

a. Färbe 10 Quadrate.
b. Färbe 150 Quadrate.
c. Färbe 3875 Quadrate.
d. Können 74 500 Quadrate auf einer einzigen Seite gefärbt werden?
e. Wie viele Seiten brauchst du etwa, um 440 000 Quadrate zu färben?
f. Wie viele Seiten brauchst du etwa, um 7 000 000 Quadrate zu färben?

Woran ich bei der Zahl 10 denke:
Ich habe 10 Finger und 10 Zehen.
1 cm hat 10 mm.
10 Zehner sind 1 Hunderter
usw.

6 Schreibe möglichst viele Beziehungen auf.

a. Was kommt dir in den Sinn, wenn du an die Zahl 100 denkst?
b. Was kommt dir bei der Zahl 1000 in den Sinn?
c. Was stellst du dir vor, wenn du an die Zahl 1 000 000 denkst?

4 Addition und Subtraktion –

Wer mit Köpfchen rechnet, rechnet schneller.

1 Nimm zweimal die sechs Ziffern 3; 4; 6; 7; 8 und 9.
Bilde damit zwei sechsstellige Zahlen.
In jeder Zahl sollen alle sechs Ziffern vorkommen.
Addiere oder subtrahiere die beiden Zahlen.

4 8 7 3 6 9

	4	6	7	8	9	3
+ (–)	3	4	6	7	8	9

a. Rechne einige Beispiele durch.
b. Bilde Aufgaben, die im Ergebnis eine 0 bei den Einern haben.
c. Bilde Aufgaben, die im Ergebnis eine 0 bei den Zehnern haben.
d. Bilde Aufgaben, die im Ergebnis eine 2 bei den Zehnern haben.
e. Bilde Aufgaben, die im Ergebnis eine 1 bei den Hundertern und eine 2 bei den Zehnern haben.
f. Stelle dir weitere solche Aufgaben.

Addieren bedeutet zusammenzählen.

Subtrahieren bedeutet, eine Zahl von einer anderen abzuziehen.

2 Hier siehst du, wie Lena, Ahmed und Luisa dieselbe Aufgabe lösen.

Lena

12 345	123 456
+ 1234	– 13 579
13 579	109 877

Ahmed

123 456	111 111
– 12 345	– 1234
111 111	109 877

Luisa

Luisa spricht dazu:

123 456	4 + 5 = 9	9 + 7 = 16	merke 1
– 12 345	1 + 3 + 4 = 8	8 + 7 = 15	merke 1
– 1234 (1111)	1 + 2 + 3 = 6	6 + 8 = 14	merke 1
	1 + 1 + 2 = 4	4 + 9 = 13	merke 1
109 877	1 + 1 = 2	2 + 0 = 2	
		0 + 1 = 1	

a. Erkläre die Rechenwege. Wie rechnest du?
b. Welches Rechenverfahren findest du besonders günstig? Warum?
c. Welche der Aufgaben unten lassen sich vorteilhaft mit den Lösungswegen von Lena, Ahmed und Luisa lösen? Welche nicht? Begründe.
d. Löse die folgenden Aufgaben nach einem Verfahren deiner Wahl. Welcher Zusammenhang besteht zwischen den Ergebnissen in einer Reihe? Setze die Reihen, wenn möglich, sinnvoll nach unten fort.

12 345 – 1234 – 123	99 999 – 8888 + 777	11 111 – 222 – 3333
23 456 – 2345 – 234	88 888 – 7777 + 666	22 222 – 333 – 4444
34 567 – 3456 – 345	77 777 – 6666 + 555	33 333 – 444 – 5555
45 678 – 4567 – 456	…	…

L *Halbschriftlich oder schriftlich addieren und subtrahieren.*
Halbschriftlich oder schriftlich multiplizieren und dividieren.

Multiplikation und Division

3 Rechentraining

5 9 8

Wähle drei Ziffernkärtchen. Gib sie deiner Partnerin oder deinem Partner.

```
5 · 98 = ?
5 · 90 = 450
5 ·  8 =  40
------------
5 · 98 = 490
```

Er oder sie bildet daraus eine einstellige und eine zweistellige Zahl und multipliziert sie im Kopf. Notiert das Ergebnis.

```
 9 · 58 = ?
10 · 58 = 580
580 - 58 = 522
```

Schaffst du mit den gleichen Ziffern ein größeres Ergebnis?

4 Wähle vier Ziffernkärtchen, zum Beispiel

4 6 7 9

a. Bilde daraus eine dreistellige Zahl und multipliziere sie mit der vierten Ziffer.
Welches ist das größte Ergebnis, das du erreichen kannst?
Welches ist das kleinste Ergebnis, das du erreichen kannst?

b. Bilde daraus zwei zweistellige Zahlen und verfahre wie bei a.
Wie viele unterschiedliche Ergebnisse kannst du mit 2 zweistelligen Zahlen erhalten?

Multiplizieren bedeutet malnehmen oder auch vervielfachen.

Dividieren bedeutet teilen.

5 Malkreuze

a. Zeichne die Malkreuze ins Heft und berechne die fehlenden Zahlen.

Aufgabe: 386 · 48 = 18 528
Rechnung:

•	300	80	6	
40	12 000	3 200	240	15 440
8	2 400	640	48	3 088
	14 400	3 840	288	18 528

•	300	60	9	
80				
4				

•	800		2	
60				50 520
	2400			
		2520		53 046

b. Notiere alle unterschiedlichen Multiplikationsaufgaben, deren Ergebnisse du in den Feldern der Malkreuze finden kannst. Wie viele gibt es für jedes Malkreuz?

c. Denke dir eigene Malkreuze aus und löse sie. Gib sie anschließend auch deiner Nachbarin oder deinem Nachbarn zum Lösen.

► Kopiervorlage: Malkreuze

6

a. Erkläre die folgenden Rechnungen.

```
57 470 : 14 = 4105
56
 14
 14
  07
   0
   70
   70
    0
```

```
57 470 : 14 = 4 105
56 000 : 14 = 4 000
  1470
  1400 : 14 =   100
    70 : 14 =     5
              4 105
```

```
14 · 1000 = 14 000
14 · 2000 = 28 000
28 000 + 28 000 = 56 000
14 · 100        =  1400
                  57 400
14 · 5 =              70
                  57 470
57 470 : 14 = 4105
```

b. Dividiere die Zahl 12 252 240 jeweils durch die Zahlen 8; 9; 10; 11; 12; 13; 14; 15.

c. Welchen Rest erhältst du jeweils, wenn du die Zahl 12 252 241 durch dieselben Zahlen wie in b. dividierst?

d. Welchen Rest erhältst du jeweils, wenn du die Zahl 12 252 252 durch dieselben Zahlen wie in b. dividierst?

e. Denke dir eigene Divisionsaufgaben aus, bei denen kein Rest bleibt.
Rechne zuerst selbst und gib sie anschließend anderen zum Lösen.

5 Tabellen und Grafiken

Welchen Skipass soll ich kaufen?
Wo steht mein Lieblingsverein in der Tabelle? Was bedeuten die Angaben, die sonst noch in der Tabelle stehen?

Tabellen lesen

Du findest immer wieder Zahlen, die in Tabellen geschrieben sind. Hier siehst du zwei Beispiele.

SKIPASS-PREISE

	Klewenalp + Stockhütte		nur Klewenalp		nur Stockhütte	
	Erw.	Kinder	Erw.	Kinder	Erw.	Kinder
VK bis 13:00 Uhr	33,–	22,–	30,–	20,–	26,–	18,–
TK ganzer Tag	37,–	25,–	34,–	23,–	29,–	20,–
TK ab 11:00 Uhr	34,–	23,–	31,–	21,–	27,–	19,–
TK ab 12:00 Uhr	32,–	22,–	30,–	20,–	25,–	18,–
TK ab 13:00 Uhr	30,–	21,–	29,–	19,–	24,–	17,–
2 Tage	68,–	46,–	63,–	43,–	54,–	37,–
3 Tage	97,–	66,–	89,–	61,–	76,–	53,–
4 Tage	123,–	83,–	113,–	77,–	97,–	67,–
5 Tage	146,–	99,–	134,–	91,–	115,–	79,–
6 Tage	166,–	112,–	152,–	103,–	130,–	90,–
7 Tage	182,–	123,–	168,–	114,–	143,–	99,–
8 Tage	196,–	132,–	180,–	122,–	154,–	106,–
9 Tage	206,–	139,–	189,–	128,–	162,–	112,–
Saisonkarte	445,–	300,–	410,–	270,–	362,–	245,–
Jahreskarte	580,–	355,–	530,–	350,–	447,–	330,–

TK = Tageskarte VK = Vormittagskarte

Bundesliga 32. Spieltag

Platz	Club	Spiele	Siege	Unentschieden	Niederlagen	Tore	Punkte
1 •	FC Schalke 04	32	20	5	7	51:29	65
2 •	VfB Stuttgart	32	19	7	6	56:34	64
3 •	Werder Bremen	32	19	6	7	73:38	63
4 •	Bayern München	32	16	6	10	47:38	54
5 •	1. FC Nürnberg	32	10	15	7	40:30	45
6 •	Bayer Leverkusen	32	13	6	13	49:46	45
7 ↑	Hannover 96	32	12	8	12	40:44	44
8 ↑	VfL Bochum	32	12	6	14	45:47	42
9 ↑	Borussia Dortmund	32	11	8	13	38:41	41
10 ↓	Hertha BSC	32	11	8	13	46:51	41
11 ↓	Energie Cottbus	32	11	8	13	37:44	41
12 ↓	Hamburger SV	32	8	15	9	37:37	39
13 •	Arminia Bielefeld	32	10	9	13	43:46	39
14 ↑	Eintracht Frankfurt	32	8	13	11	43:55	37
15 ↓	VfL Wolfsburg	32	8	12	12	35:41	36
16 •	Alemannia Aachen	32	9	6	17	44:64	33
17 •	1. FSV Mainz 05	32	7	10	15	29:52	31
18 •	Borussia M'gladbach	32	6	8	18	23:39	26

1 Weißt du, was die Zahlen bedeuten? Erkläre jemandem die Tabellen. Frage nach, wenn du etwas nicht verstehst. Suche weitere Tabellen in Zeitungen, Zeitschriften und Katalogen.

Tabellen erstellen

2 Erstellt Tabellen mit Zahlen über die Schülerinnen und Schüler eurer Klasse, zum Beispiel:
Wer ist wie groß? Wer hat wie viele Geschwister? Wie lang ist der Schulweg?

Name	Größe	Geschwister	Schulweg	Laufzeit
Lea	141 cm	1	750 m	54 s
Anna	148 cm	2		
Robin	163 cm	0		
...				

Übertragt eure Tabellen in eine Tabellenkalkulation und speichert sie.

L *Tabellen des Alltags lesen, Zahlenmaterial sammeln und in Tabellen darstellen.*
Grafiken lesen, Grafiken erstellen.

Grafiken lesen

3 Manchmal werden Zahlen durch Zeichnungen oder Grafiken anschaulich gemacht. Erzähle, was du erkennen kannst.
Wie groß ist der Anteil der Fahrradfahrer in Nordrhein-Westfalen?
Wo ist der Anteil halb so groß, wo fast doppelt so groß?

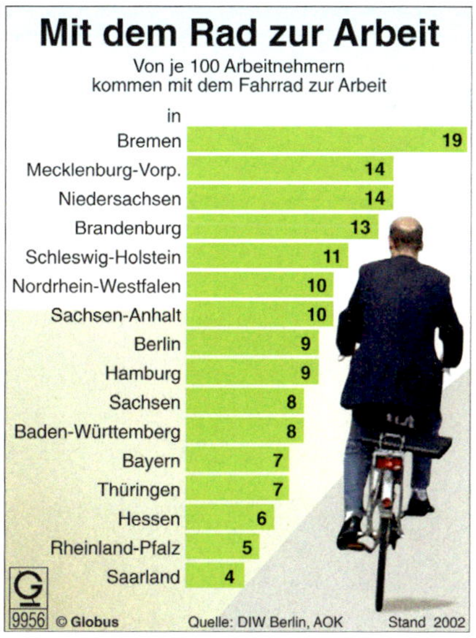

	A	B	C
1	Mit dem Rad zur Arbeit		
2	Bremen	19	
3	Mecklenburg-Vorp.	14	
4	Niedersachsen	14	
5	Brandenburg	13	
6	Schleswig-Holstein	11	
7	Nordrhein-Westfalen	10	
8	Sachsen-Anhalt	10	
9	Berlin	9	
10	Hamburg	9	
11	Sachsen	8	
12	Baden-Württemberg	8	
13	Bayern	7	
14	Thüringen	7	
15	Hessen	6	
16	Rheinland-Pfalz	5	
17	Saarland	4	
18			

4 Schau dir die Diagramme genau an. Welche Informationen kannst du aus den Diagrammen herauslesen?
Stellt euch gegenseitig Fragen zu diesen drei Diagrammen.

a.

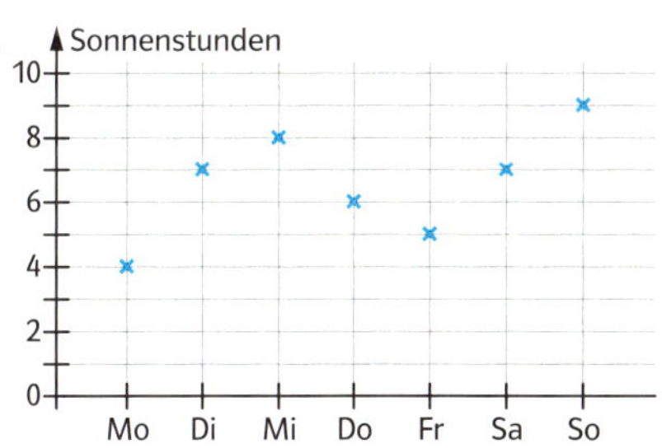

b. Wetterbeobachtung im Juni

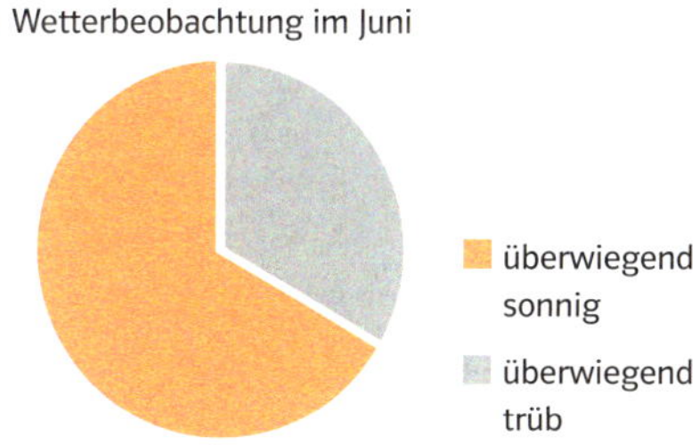

c.

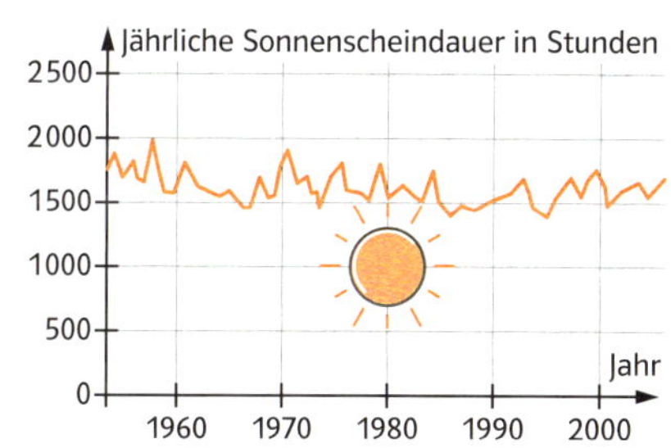

Grafiken erstellen

5 Erstellt Grafiken mit den Zahlen, die ihr in eurer Klasse gefunden habt.

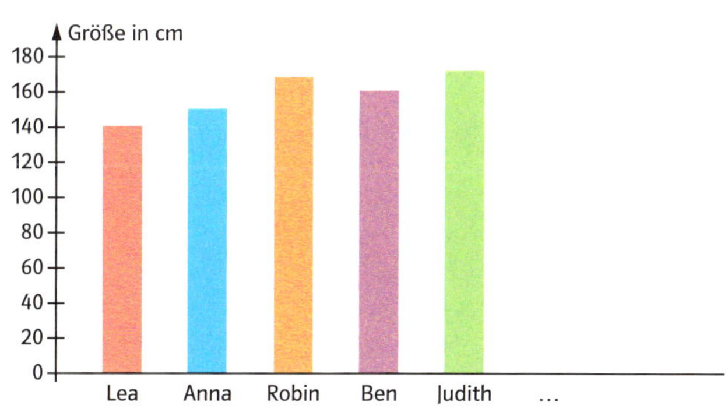

Probiert mithilfe der Tabellenkalkulation verschiedene Diagrammtypen aus.
Welcher Typ ist für eure Daten am besten geeignet?

6 Ornamente

Ornamente sind Verzierungen in der Kunst und an Gebäuden. Sie enthalten viele Regelmäßigkeiten, die du hier erkunden kannst.

Das Muster ist Teil einer Wand in der Alhambra, Granada (Spanien), 13. Jh.

1

a. Nimm ein kariertes Papier, zeichne die Ornamente ab und setze sie fort.

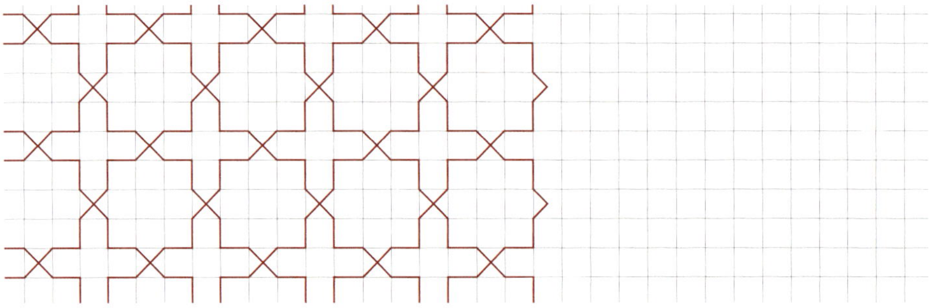

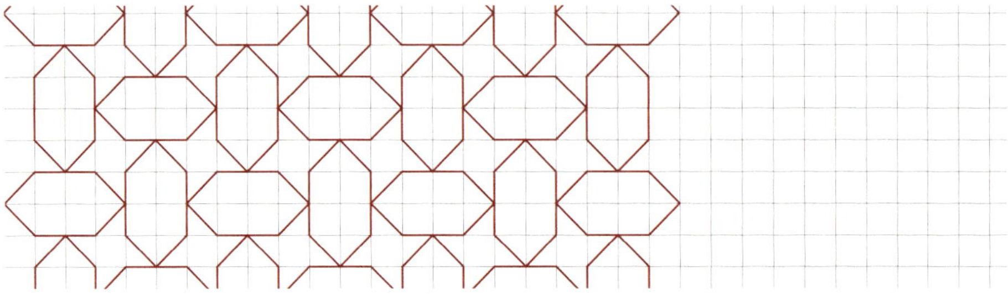

parallel

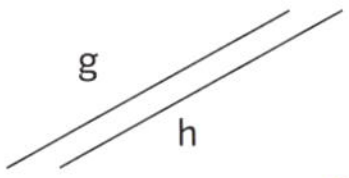

g || h

senkrecht

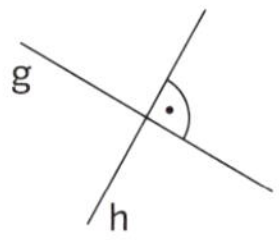

g ⊥ h

b. In diesen Ornamenten sind viele Symmetrien zu entdecken.
Wo kannst du einen Spiegel oder ein Spiegelpaar (Spiegelbuch) hinstellen, ohne das Muster zu verändern?

L *Geometrische Formen wahrnehmen und Symmetrien entdecken.*
Ornamente untersuchen und selbst herstellen.

► Kopiervorlage: Punktpapier

2 Hier siehst du zwei Beispiele auf Punktpapier. Lege ein durchsichtiges Papier oder eine Folie darauf und zeichne das Muster nach. Du kannst die Folie bewegen und sie mit dem Muster auf verschiedene Arten zur Deckung bringen.
Beschreibe deine Entdeckungen.

a.

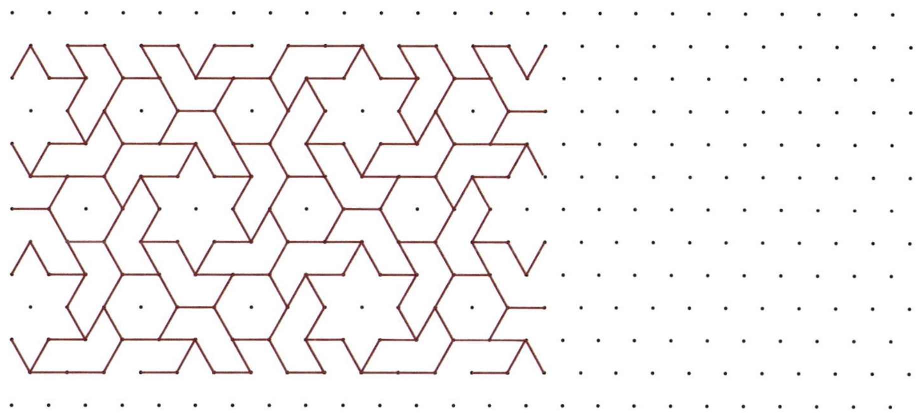

b.

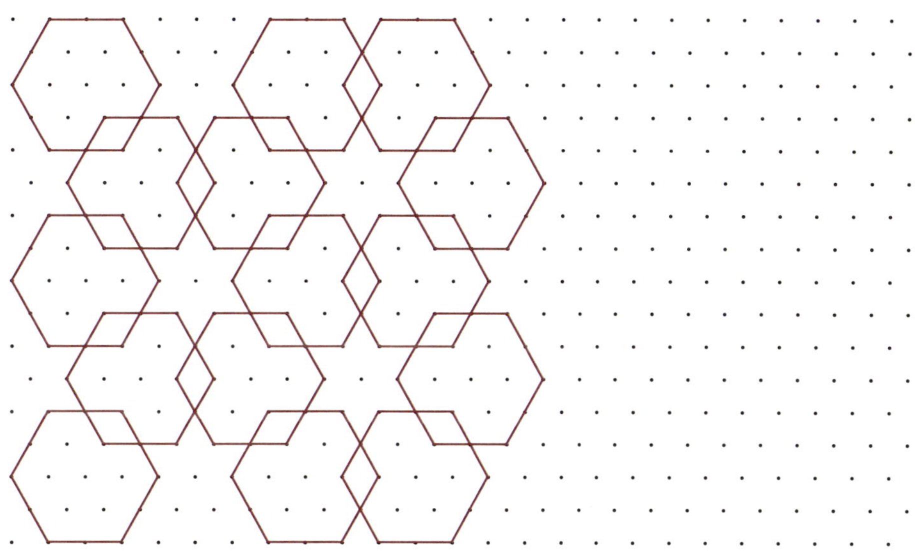

3 Zeichne diese Ornamente auf kariertes Papier.

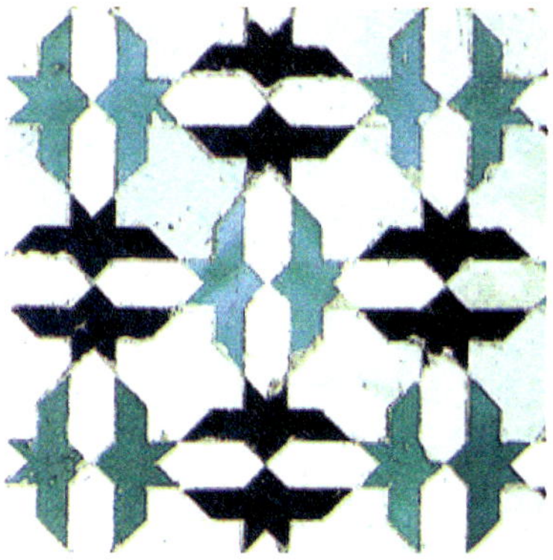

4 Erfinde eigene Ornamente und zeichne den Anfang auf kariertes Papier oder auf Punktpapier (Kopiervorlage). Lass deine Nachbarin oder deinen Nachbarn weiterzeichnen.

7 Figuren und Flächen

Auf dem Geobrett lassen sich verschiedene geometrische Figuren darstellen. Hier kannst du Eigenschaften dieser Figuren erkunden und ihre Flächen ermitteln.

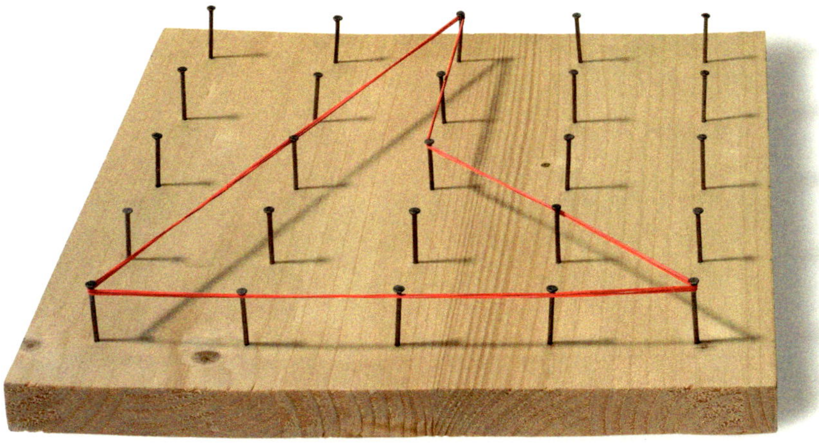

Dreiecke

1 Spanne auf dem Geobrett möglichst viele verschiedene Dreiecke und zeichne sie in das Blatt „Geobrett“ (Kopiervorlage) ein.

Diese drei Dreiecke werden nicht als verschieden betrachtet.
Sie sind nur in einer anderen Lage.

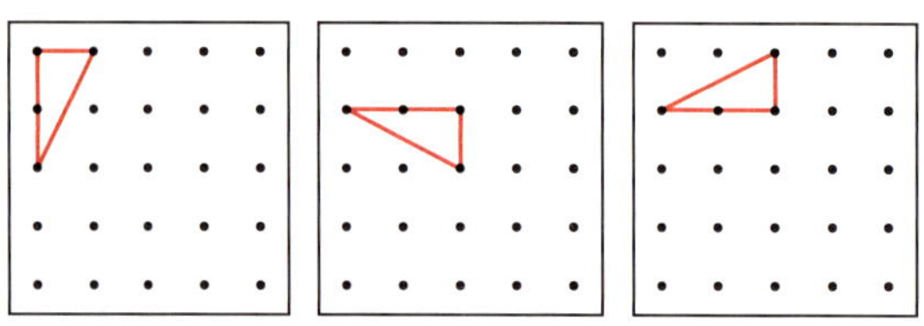

Spielen
Mit einem Gummiband kannst du auf dem Brett verschiedene Figuren spannen. Das Kind, das neben dir sitzt, versucht, die gleiche oder die symmetrische Figur dazu auf seinem Brett zu spannen. Du kannst Figuren auf kariertes Papier oder Geobrett-Papier abzeichnen.

2 Weißt du noch, was ein rechter Winkel ist? Die bei Aufgabe 1 gezeichneten Dreiecke haben einen rechten Winkel. Gibt es unter deinen Dreiecken weitere, die einen rechten Winkel haben?

Vierecke

3 Spanne auf dem Geobrett möglichst viele verschiedene Vierecke und zeichne sie in das Blatt „Geobrett“ ein. Hier siehst du einige Beispiele von Vierecken:

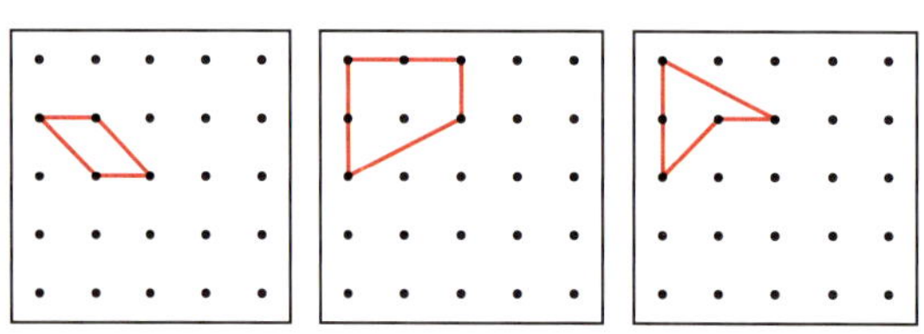

Ein Viereck mit vier rechten Winkeln heißt **Rechteck**.
Ein Rechteck mit vier gleich langen Seiten heißt **Quadrat**.
Ein Viereck, bei dem mindestens zwei gegenüberliegende Seiten parallel sind, heißt **Trapez**.
Ein Viereck, bei dem die jeweils gegenüberliegenden Seiten parallel sind, heißt **Parallelogramm**.
Ein Parallelogramm mit vier gleich langen Seiten heißt **Raute**.

4 Welche Vierecke haben parallele Seiten? Welche haben gleich lange Seiten? Welche haben rechte Winkel?

5 Gibt es unter deinen Vierecken Rechtecke, Quadrate, Trapeze, Parallelogramme oder Rauten?

L *Auf dem Geobrett Figuren spannen, zeichnen, Eigenschaften und Symmetrien erkennen. Flächen von Figuren auf dem Geobrett untersuchen.*

Symmetrien

Symmetrieachsen kannst du auf zwei Arten spannen:

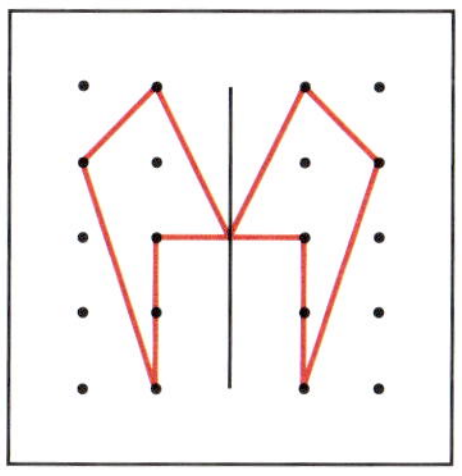

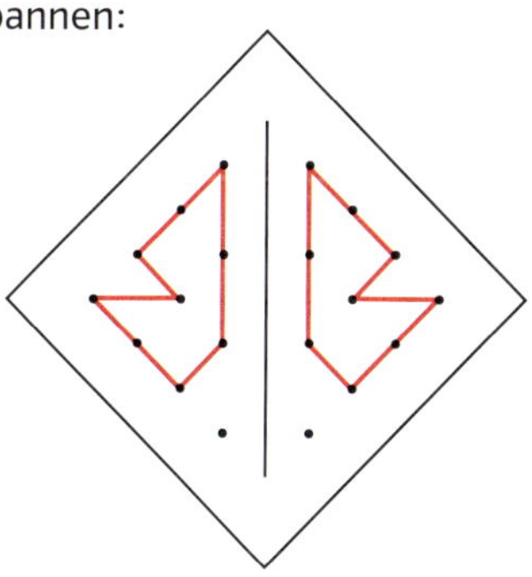

1. Art
Die Symmetrieachse ist parallel zu zwei Brettkanten.

2. Art
Die Symmetrieachse liegt diagonal im Brett.

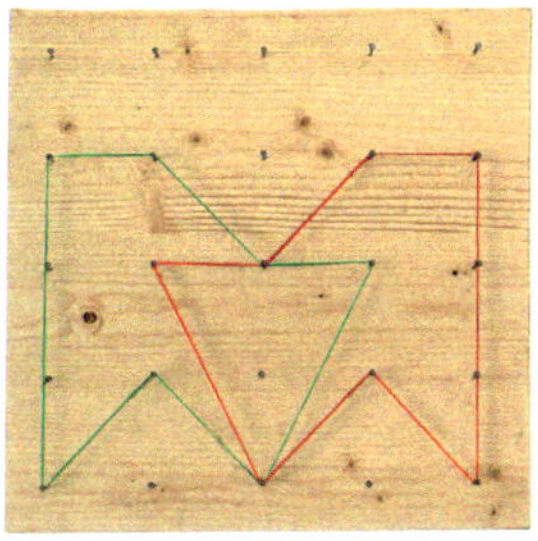

6 Spanne auf beide Arten symmetrische Figuren. Zeichne sie auf die Kopiervorlage: Geobrett.

7 Spanne eine beliebige Figur auf dem Brett. Deine Partnerin oder dein Partner spannt auf dem gleichen Brett die symmetrische Figur dazu. Zeichnet beide Figuren (Kopiervorlage: Geobrett).

Flächen

Diese rote Fläche nennen wir Einheitsquadrat. Sie macht gerade ein Sechzehntel der Fläche zwischen den 25 Punkten aus.

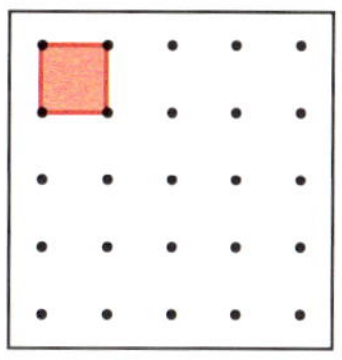

8 Suche verschiedene Figuren, welche die gleiche Fläche abdecken wie das Einheitsquadrat.

9 Suche verschiedene Figuren, welche
a. die Fläche von $1\frac{1}{2}$ Einheitsquadraten haben.
b. die Fläche von 2 Einheitsquadraten haben.
c. die Fläche von $2\frac{1}{2}$ Einheitsquadraten haben usw.

10 Finde verschiedene Figuren, die gleich große Flächen haben. Gibt es auch Dreiecke, die gleich große Flächen wie Vierecke haben?

11 Kannst du ein Quadrat finden, das so groß ist wie 2 Einheitsquadrate?

8 Unter null

Im Januar war es ganz schön kalt. Fast an allen Tagen hatten wir Temperaturen unter null. Unter null?

Anders Celsius kam am 27. November 1701 in Uppsala, Schweden, zur Welt. Er arbeitete als Astronom, wurde jedoch durch seinen Vorschlag der 100°-Teilung des Thermometers bekannt. Er starb im Alter von nur 43 Jahren am 25. April 1744 in seiner Geburtsstadt.

Der schwedische Astronom A. Celsius hat das Quecksilberthermometer eingeführt. Er gab das flüssige Metall Quecksilber in ein Glasröhrchen. Wenn es warm wird, dehnt sich das Quecksilber aus und steigt im Glasröhrchen nach oben. Wenn es kalt wird, zieht es sich wieder zusammen. Nun markierte er zwei Stellen auf dem Röhrchen: die Temperatur von kochendem Wasser und die Temperatur, bei der Eis schmilzt. Die Skala zwischen beiden Werten unterteilte er in 100 gleiche Teile. Ein Teil entspricht einem Grad Celsius (1 °C). Natürlich kann es im Winter noch kälter werden, daher machte er für noch kältere Temperaturen weitere Striche unterhalb von Null und beschriftete sie mit negativen Zahlen.

1 Die Grafik zeigt einen Höhenschnitt durch die Schweizer Alpen bis nach Lindau.

a. Bestimme die Temperaturunterschiede von Ort zu Ort.

b. Wie groß ist der maximale Temperaturunterschied zwischen zwei Orten?

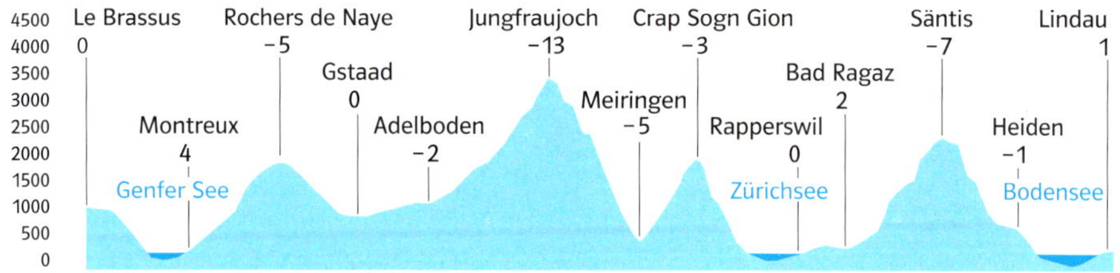

c. Um wie viel Grad Celsius müsste die Temperatur in Adelboden steigen, damit es so warm ist wie in Montreux?

d. Formuliere weitere solche Fragen und beantworte diese.

2 Nebenstehend siehst du das Temperatur-Diagramm einer Januar-Woche mit den Mittagstemperaturen.

a. Um wie viel Grad Celsius weichen die Temperaturen von Tag zu Tag voneinander ab?

b. Zwischen welchen Tagen gab es den größten Temperaturunterschied?

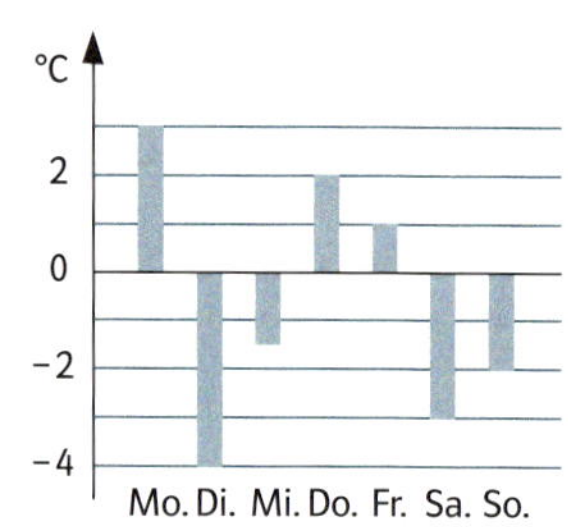

Wetterbericht des Tages	
Athen, sonnig	14 °C
Frankfurt, Regen	3 °C
Stockholm, bewölkt	-8 °C
London, Schnee	-5 °C
Belgrad, bedeckt	-4 °C
Warschau, Schnee	0 °C
Rom, sonnig	18 °C

3 Schau dir den Wetterbericht des Tages an.
Welche Aussagen sind wahr, welche falsch?

a. In Frankfurt ist es 15 °C kälter als in Rom.

b. In Warschau ist es 4 °C wärmer als in Belgrad.

c. In London ist es 3 °C kälter als in Stockholm.

d. Die Temperaturen in Belgrad und Stockholm weichen um 4 °C voneinander ab.

e. Von Belgrad nach Stockholm fällt die Temperatur um 4 °C.

f. Der Temperaturunterschied zwischen London und Athen beträgt 9 °C.

L *Im Zusammenhang mit Temperaturen negativen Zahlen begegnen.*

William Thomson (1824 – 1907), der 1892 als Lord Kelvin ins britische Oberhaus einzog, war einer der bedeutendsten Physiker des 19. Jahrhunderts. Er verfasste 661 wissenschaftliche Arbeiten und wirkte auch am Projekt des ersten Überseekabels zwischen Europa und Amerika mit.

Die Kelvin-Skala

Man kann eine Flüssigkeit oder ein Gas beliebig heiß machen. Forscher haben festgestellt, dass es dagegen für die Abkühlung eine untere Grenze gibt. Die tiefste mögliche Temperatur liegt bei ungefähr – 273 °C. Kelvin legte diese Temperatur als absoluten Nullpunkt fest. Seine Skala (Kelvin-Skala) beginnt bei diesem Nullpunkt (0 Kelvin). Eis schmilzt bei 273 K und Wasser kocht bei 373 K. Diese Skala ändert nichts am Abstand zwischen den Strichen. 1 Grad Temperaturunterschied auf der Celsius-Skala ist auch auf der Kelvin-Skala 1 Grad Temperaturunterschied. Die Skala wird nur verschoben.

4 Vergleiche die Celsius-Skala mit der Kelvin-Skala. Zeichne ein Thermometer, auf dem man die Temperaturen in °C und in K gleichzeitig ablesen kann.

5 Temperaturrekorde

Die tiefsten auf der Erde gemessenen Temperaturen		
Einzelmessung	Wostok, Antarktis	– 89,2 °C
Jahresmittel	Nedostupnosti, Antarktis	– 57,8 °C
bewohnter Ort	Oymyakon, Russland	– 71,1 °C

Die höchste auf der Erde gemessene Temperatur		
Einzelmessung	Death Valley, USA, 10. Juli 1913	+ 56 °C

Extreme Temperaturunterschiede		
im Laufe eines Jahres	Werchojansk, Russland	– 70 °C | + 36,6 °C
innerhalb eines Tages	Browning, Montana, USA	– 48,9 °C | + 6,6 °C

Kleinste Temperaturschwankung		
im Laufe eines Jahres	Saipan, Marianeninseln	+ 19,9 °C | + 31,4 °C

a. Gib die Temperaturen in K an.

b. Berechne verschiedene Temperaturunterschiede in K und °C. Was stellst du fest?

6 Rechenkreuz

Finde Wege vom Start zum Ziel. Gezogen werden darf immer bloß auf ein angrenzendes Feld, wenn die nebenstehenden Vorschriften erfüllt sind.

– 10	– 7	– 4	2
– 8	– 9	Ziel – 6	– 3
– 6	– 3	– 4	– 1
– 4	Start – 5	– 2	– 3

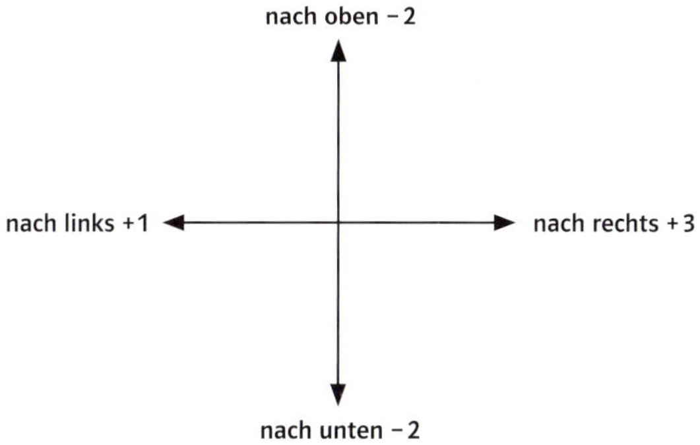

9 Mittelwerte

Heute werden Männer im Durchschnitt 180 cm groß, Frauen dagegen erreichen eine mittlere Körpergröße von 168 cm. Früher wurden Männer im Durchschnitt nur 170 cm groß. Frauen erreichten eine mittlere Größe von 159 cm.

1 In eurer Klasse sind die Kinder unterschiedlich groß.

a. Findet ein Kind in der Klasse, welches eine durchschnittliche Größe hat.

b. Sucht ein durchschnittlich großes Mädchen unter den Mädchen und einen durchschnittlich großen Jungen unter den Jungen aus. Vergleicht die Größe dieses Jungen mit der des Mädchens.
Überrascht euch das Ergebnis?

2 Rechne mehrere Beispiele. Was stellst du fest? Warum ist das so?

a. Wähle 5 aufeinanderfolgende Zahlen. Addiere sie. Teile dann das Ergebnis durch 5.
Beispiel: 1000 + 1001 + 1002 + 1003 + 1004 = 5010
5010 : 5 = 1002

b. Wähle 7 aufeinanderfolgende Zahlen. Addiere sie. Teile das Ergebnis durch 7.

c. Wähle 5 Zahlen mit gleichen Abständen. Addiere sie. Teile das Ergebnis durch 5.
Beispiel: erste Zahl 888, Abstand immer 100
888 + 988 + 1088 + 1188 + 1288 = …
… : 5 = …

3 Beatriz fährt an jedem Wochentag mit dem Fahrrad zur Schule. In einer Woche misst sie ihre Fahrzeiten.
Montag 13 Minuten, Dienstag 16 Minuten, Mittwoch 12 Minuten, Donnerstag 24 Minuten, Freitag 15 Minuten

a. Gib mögliche Gründe für die unterschiedlichen Fahrzeiten an.

b. Beatriz möchte wissen, wie viel Zeit sie im Durchschnitt für ihren Schulweg mit dem Fahrrad braucht.
Sie rechnet: Der mittlere Wert ist 15 Minuten, weil zwei Werte kleiner und zwei Werte größer als 15 Minuten sind.
Ihr Vater dagegen rechnet: 13 + 16 + 12 + 24 + 15 = 80
80 : 5 = 16
Er sagt, dass der mittlere Wert 16 Minuten ist.
Wer hat Recht? Diskutiert.

c. Berechnet in Gruppen die Durchschnittszeit für euren Schulweg.

L *Verschiedene Mittelwerte kennen und berechnen können.*

4 Suche Zahlen mit vorgegebenen Mittelwert.

a. Suche 6 verschiedene Zahlen, bei denen das arithmetische Mittel 36 ist.

b. Suche 7 verschiedene Zahlen, bei denen der Zentralwert 41 ist.

5 Von 5 Werten sind 4 und ein Mittelwert gegeben. Kannst du den fünften Wert bestimmen?

a. 88; 30; 42; 72 und das arithmetische Mittel ist 59.

b. 21; 44; 41; 5 und der Zentralwert ist 41.

c. Wie hoch müsste die fünfte Säule sein, damit das arithmetische Mittel der fünf Werte die gleiche Höhe wie die dritte Säule hätte?

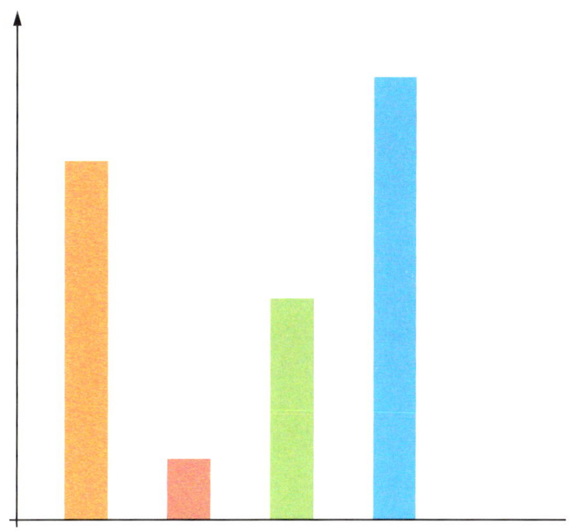

Es gibt verschiedene Arten von Mittelwerten: das **arithmetische Mittel** (wird auch als **Durchschnitt** bezeichnet) und den **Zentralwert.** Die Mittelwerte der Zahlen 3; 7; 8 sind: arithmetisches Mittel **6** und Zentralwert **7**.

6 In der Basketballmannschaft von Bamberg spielen :

Chris Ensminger	209 cm	Ivan Pavic	200 cm
Sajmen Hauer	193 cm	Robert Garrett	194 cm
Steffen Hamann	194 cm	Tim Ohlbrecht	210 cm
Sebastian Betz	200 cm	Vincent Yarbrough	201 cm
Sean Dockery	188 cm	Timthy Begley	198 cm
Darren Fenn	208 cm		

Sie müssen gegen eine Mannschaft mit einer Durchschnittsgröße von 195 cm spielen. Haben die Bamberger Spieler Vorteile wegen ihrer Größe? Lohnt es sich, dafür einen Durchschnittswert zu berechnen?

7 Claudia möchte von ihren Eltern mehr Taschengeld. Die Eltern wollen von ihr die durchschnittliche Taschengeldhöhe ihrer Freundinnen wissen. Diese erhalten 20 €, 50 €, 25 €, 30 € und 15 €. Claudia überlegt, welchen Mittelwert sie ihren Eltern angeben soll.

8 Eine Klassenarbeit hatte folgendes Ergebnis:

Note	1	2	3	4	5	6
Anzahl	5	8	9	7	3	1

Die Eltern möchten eine Durchschnittsnote wissen.

10 „Das Glück dieser Erde ...“

Manuela ist seit einem schweren Unfall gelähmt. Der Arzt hat ihr eine Reittherapie verordnet. Das ist eine spezielle Bewegungstherapie, eine Art Reitstunde. Die Bewegungen des Pferderückens lockern und kräftigen verkrampfte Muskeln. Da Islandpferde klein sind und einen freundlichen Charakter haben, eignen sie sich besonders gut für eine solche Therapie. Mani ist Manuelas Lieblingspferd.

Normalerweise findet die Therapie im Freien statt. Das Pferd wird auf einer Sandbahn geführt. Eine Runde auf der Sandbahn dauert bei Manuela etwa fünf Minuten, bei Paul drei Minuten. Bei schlechtem Wetter steht auch eine Reithalle zur Verfügung.

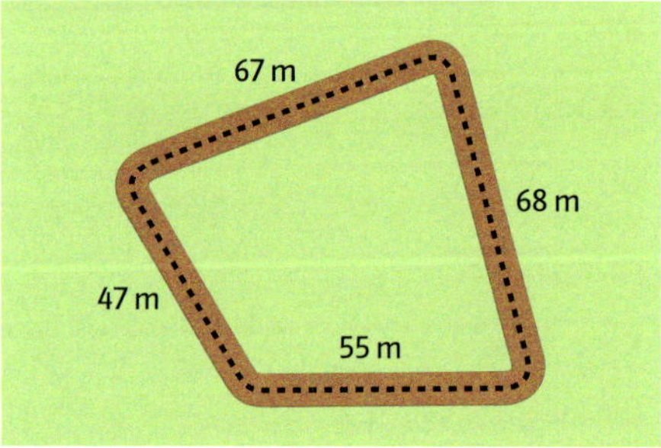

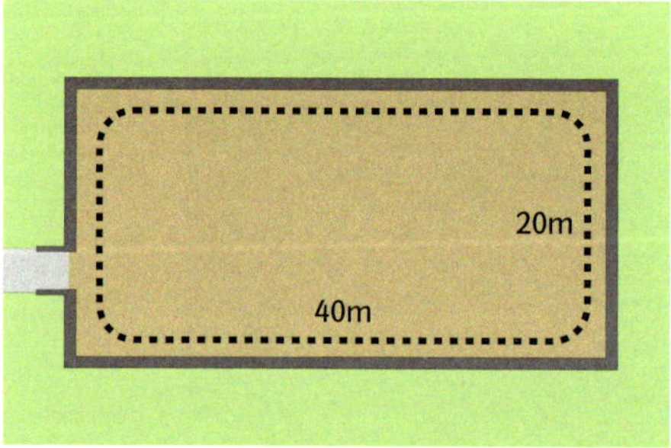

Strecken

1 Wie viele Meter misst eine ganze Runde auf der Sandbahn ungefähr? Und in der Reithalle? Probiere aus, ob das Tempo eher schnell oder eher langsam ist. Wie lange dauert eine Runde in der Reithalle ungefähr?

2 Manuela darf auf Mani 1; 2; 3; ... Runden reiten. Die Therapeutin geht neben dem Pferd. Sie achtet nur auf Manuela. Eine zweite Person führt das Pferd. Wie viele Kilometer und Meter legen sie ungefähr zurück?

3 Eine Therapieeinheit dauert 30 Minuten. Nach wie vielen Therapieeinheiten hat Manuela ungefähr 5 km, 10 km, 15 km, ... auf dem Pferderücken zurückgelegt?

4 Die Therapeutin arbeitet pro Tag mit 1; 2; 3; 4; oder 5 Personen. Wie viele Kilometer und Meter legt sie ungefähr pro Tag, Woche, Monat, ... zurück?

L *Streckenlängen berechnen. Vorstellungen von Flächeninhalten entwickeln.*
Platzbedarf, Futter und Kosten berechnen.

Ein „Offenstall“ ist ein geräumiger Stall, bei dem eine Seite offen ist.

Platz für Islandpferde

Auch auf einigen Gestüten im Münsterland leben Islandpferde, die für Reittherapien eingesetzt werden. Zu einer guten Haltung der Pferde gehört, dass jedes Pferd $10\,m^2$ Platz im gedeckten Teil des Offenstalls hat. Für den Auslauf im ungedeckten Teil stehen jedem Pferd mindestens $15\,m^2$ zur Verfügung. Dazu kommt eine große Weide zum Austoben.

5 Vergleiche mit deinem Zimmer, mit einem Parkplatz, mit eurem Pausenhof, mit einem Fußballplatz, …: Wo wäre Platz für 1; 2; 3; … Islandpferde?

Futter und Wasser für Islandpferde

Ein Islandpferd trinkt pro Tag je nach Wetter und Beanspruchung zwischen 20 und 50 Liter Wasser.
Im Winter erhält es morgens, mittags und abends je 2 kg Heu und 1 kg Stroh, am Mittag zusätzlich eine Mischung aus 500 g Hafer und 500 g Maiswürfeln.
Im Sommer begnügt sich das Islandpferd mit Heu und mit Gras von der Weide.

Ein Sack Hafer wiegt 25 kg und kostet etwa 15 €.

Ein Sack Maiswürfel wiegt 15 kg und kostet etwa 12 €.

Ein Heuballen wiegt etwa 12 kg und kostet je nach Jahreszeit 4 bis 12 €.

Ein Ballen Stroh wiegt etwa 10 kg und kostet je nach Jahreszeit 2 bis 8 €.

6 Das Gestüt Lindenhof kauft für seine 5 Islandpferde das Futter für den Winter ein. Wie viel Futter braucht ein Pferd / brauchen alle 5 Pferde pro Tag, pro Woche, pro Monat, die gesamte Winterzeit über?

7 Wie hoch sind die Futterrechnungen für den gesamten Winter für die 5 Pferde?

8 Wie viele Kilogramm Heu hätten in eurem Klassenraum Platz? Wie teuer wäre dieses Heu? Wie lange würde es für 1; 2; 3; … Islandpferde reichen?

9 Überlegt euch weitere Fragen und beantwortet sie.

11 Anschlüsse

Fahrpläne für Busse, Züge und andere Verkehrsmittel kommen im Leben überall vor. Es ist wichtig, zu wissen, wie du sie lesen musst, um zur rechten Zeit am richtigen Ort zu sein.

450.11 Bergisch Gladbach - Köln - Neuss – Düsseldorf Wehrhahn / Wuppertal-Vohwinkel **S11** Montag bis Freitag

Zug	S 8135	RB 11429	S 8139	S 8141	S 8143	S 8147	S 8149		S 8183	S 8187	S 8189	S 8191	8…	
von														
Bergisch Gladbach	7:13		7:33	7:53	8:13	8:33	8:53		13:13	13:33	13:53	14:13		
Duckterath	7:15		7:35	7:55	8:15	8:35	8:55		13:15	13:35	13:55	14:15		
Köln-Dellbrück	7:18	7:30	7:38	7:58	8:18	8:38	8:58		13:18	13:38	13:58	14:18		
Köln-Holweide	7:20	7:34	7:40	8:00	8:20	8:40	9:00		13:20	13:40	14:00	14:20		
Köln-Mühlheim	7:24	7:38	7:44	8:04	8:24	8:44	9:04		13:24	13:44	14:04	14:24		
Köln-Mühlheim	7:25	7:39	7:45	8:05	8:25	8:45	9:05		13:25	13:45	14:05	14:25		
Köln-Buchforst	7:27	|	7:47	8:07	8:27	8:47	9:07		13:27	13:47	14:07	14:27		
Köln Messe/Deutz Gl. 9-10	7:30	|	7:50	8:10	8:30	8:50	9:10		13:30	13:50	14:10	14:30		
Köln Messe/Deutz Gl. 9-10	7:31	|	7:51	8:11	8:31	8:51	9:11		13:31	13:51	14:11	14:31		
Köln Messe/Deutz	I	7:45	I	I	I	I	I		I	I	I	I		
Köln Hbf	7:33	7:48	7:53	8:13	8:33	8:53	9:13	Alle 20 Minuten	13:33	13:53	14:13	14:33		
Köln Hbf	7:34		7:54	8:14	8:34	8:54	9:14		13:34	13:54	14:14	14:34		
Köln Hansaring	7:36		7:56	8:16	8:36	8:56	9:16		13:36	13:56	14:16	14:36		
Köln-Nippes	7:38		7:58	8:18	8:38	8:58	9:18		13:38	13:58	14:18	14:38		
Köln Geldernstr./Parkgürtel	7:40		8:00	8:20	8:40	9:00	9:20		13:40	14:00	14:20	14:40		
Köln-Longerich	7:44		8:04	8:24	8:44	9:04	9:24		13:44	14:04	14:24	14:44		
Köln Volkhovener Weg	7:46		8:06	8:26	8:46	9:06	9:26		13:46	14:06	14:26	14:46		
Köln-Chorweiler	7:48		8:08	8:28	8:48	9:08	9:28		13:48	14:08	14:28	14:48		
Köln-Chorweiler Nord	7:50		8:10	8:30	8:50	9:10	9:30		13:50	14:10	14:30	14:50		
Köln-Blumenberg	7:52		8:12	8:32	8:52	9:12	9:32		13:52	14:12	14:32	14:52		
Köln-Worringen	7:56		8:16	8:36	8:56	9:16	9:36		13:56	14:16	14:36	14:56		
Köln-Worringen	7:58		8:18	8:38	8:58	9:18	9:38		13:58	14:18	14:38	14:58		
Dormagen Bayerwerk	8:01		8:21	8:41	9:01	9:21	9:41		14:01	14:21	14:41	15:01		
Dormagen	8:04		8:24	8:44	9:04	9:24	9:44		14:04	14:24	14:44	15:04		
Nievenheim	8:07		8:27	8:47	9:07	9:27	9:47		14:07	14:27	14:47	15:07		
Neuss Allerheiligen	8:10		8:30	8:50	9:10	9:30	9:50		14:10	14:30	14:50	15:10		
Norf	8:13		8:33	8:53	9:13	9:33	9:53		14:13	14:33	14:53	15:13		
Neuss Süd	8:16		8:36	8:56	9:16	9:36	9:56		14:16	14:36	14:56	15:16		
Neuss Hbf	8:20		8:40	9:00	9:20	9:40	10:00		14:20	14:40	15:00	15:20		
Neuss Hbf	8:21		8:41	9:01	9:21	9:41	10:01		14:21	14:41	15:01	15:21		
Neuss Am Kaiser	8:24		8:44	9:04	9:24	9:44	10:04		14:24	14:44	15:04	15:24		
Neuss Rheinparkcenter	8:27		8:47	9:07	9:27	9:47	10:07		14:27	14:47	15:07	15:27		
Düsseldorf-Hamm	8:30		8:50	9:10	9:30	9:50	10:10		14:30	14:50	15:10	15:30		
Düsseldorf Völkinger Str.	8:32		8:52	9:12	9:32	9:52	10:12		14:32	14:52	15:12	15:32	15:52	16:12
Düsseldorf-Bilk	8:34		8:54	9:14	9:34	9:54	10:14		14:34	14:54	15:14	15:34	15:54	16:14
Düsseldorf Friedrichstadt	8:36		8:56	9:16	9:36	9:56	10:16		14:36	14:56	15:16	15:36	15:56	16:16
Düsseldorf Hbf	8:38		8:58	9:18	9:38	9:58	10:18		14:38	14:58	15:18	15:38	15:58	16:18
Düsseldorf Hbf				9:19	9:39	9:59	10:19		14:39	14:59	15:19	15:39		16:19
Düsseldorf Wehrhahn				9:21	9:41	10:01	10:21		14:41	15:01	15:21	15:41		|
Düsseldorf-Flingern														16:21
Düsseldorf-Gerresheim														16:25
Erkrath														16:28
Hochdahl														16:31
Hochdahl-Millrath														16:33
Gruiten														16:36
Wuppertal-Vohwinkel														16:40
nach														

415 Köln Hbf / Köln/Bonn Flughafen – Düsseldorf - Duisburg - Essen - Dortmund - Hamm (Westf)

Zug	RE 3 10311	RE 6 4317	ICE 847	RE 6 4317	RE 16 29675	RE 5 11110	IC 431	RE 1 10115	RE 11 29107	ICE 614	RE 11 29107	RE 2 10213	RE 3 10313	ICE 820	RE 3 10313	RE 6 4319
Köln/Bonn Flughafen			9:11													
von						Koblenz		Aachen		München		M.Gladb.		München		
Köln Hbf						9:32	9:48	9:51		10:11				10:27		
Köln Messe/Deutz						9:35	|	9:54		|				|		
Köln-Mühlheim						9:39	|	9:59		|				|		
Leverkusen Mitte						9:46	|	10:05		|				|		
Düsseldorf Benrath						9:55	|	10:14		|				|		
Düsseldorf Hbf			9:53			10:01	10:12	10:21		10:33				10:49		
Düsseldorf Hbf		9:10	9:55			10:03	10:14	10:23	10:33	10:35			10:45	10:51		10:54
Düsseldorf Flughafen		10:02	|	10:02		10:10	|	10:29	10:40	|			10:52	|		10:02
Duisburg Hbf		→	10:07	10:11		10:18	10:24	10:37	10:50	10:46	10:50		11:02	11:02		→
Duisburg Hbf	10:10		10:10	10:15		10:20	10:26	10:39	→	10:48	10:56	11:01	10:10	11:05	10:10	
Mühlheim (Ruhr) Hbf	|		|	10:21				10:45		|	11:02	11:07	→	|	|	
Essen Hbf	|		10:22	10:27				10:51		10:58	11:08	11:13		11:18	|	
Essen Hbf	|		10:24	10:29	10:34			10:53		11:00	11:14	11:15			|	
Essen-Kray Süd	|		|	|	|			|		|	|				|	
Wattenscheid	|		|	10:36	10:41			10:59		|	11:22				|	
Bochum Hbf	|		10:34	10:41	10:45			11:03		11:09	11:26				|	
Bochum Hbf	|		10:36	10:43	10:47			11:05		11: 11	11:28				|	
Dortmund Hbf	10:57		10:46	10:57				11:15		11:21	11:38				10:57	
Dortmund Hbf	→		10:49	10:55				11:17							→	
Dortmund-Scharnhorst			|	|				11:22								
Dortmund-Kurl			|	|				11:26								
Kamen-Methler			|	|				11:29								
Kamen			|	11:04				11:33								
Nordbögge			|	|				…:38								
Hamm (Westf)								…:45								

Ossendorf

über Hans-Böckler-Platz - Ehrenfeld - Neuehrenfeld

Abfahrthaltestelle: Dom/Hbf

	Montag - Freitag	Samstag	Sonn- und Feiertag	
0	08 38	08 38	08 38	0
1	16	16	16	1
2	--	--	--	2
3	--	--	--	3
4	--	--	--	4
5	08 28 48	08 28 48	08 28 48	5
6	08 28 38 48 58	08 28 38 48	08 28 38 48	6
7	08 18 28 38 48 58	08 18 28 38	08 18 28 38	7
bis				bis
19	08 18 28 38 48 58	08 18 28 38	08 18 28 38	19
20	08 23 38 53	08 23 38 53	08 23 38 53	20
21	08 23 38 53	08 23 38 53	08 23 38 53	21
22	08 23 38 53	08 23 38 53	08 23 38 53	22
23	08 23 38	08 23 38	08 23 38	23

Dom/Hbf	Appelhofplatz	Friesenplatz	Hans-Böckler-Pl.	Gutenbergstr.	Liebigstr.	Subbelrather Str.	Nußbaumerstr.	Lenauplatz	Takuplatz	Iltisstr.	Margaretastr.	Rektor-Klein-Str.	Ossendorf	
▼	01	03	04	06	08	10	11	13	15	16	18	19	20	Fahrzeit in Minuten

Ankunft Arrival Köln Hbf

Zeit	Zug	Richtung	Gleis
		10:00	
10:02	RB 11918	Koblenz Hbf	8
10:03	S 6	Essen Hbf	11 B-C
10:05	RB 11269	Wuppertal-Oberbarmen	7
10:05	RB 11014	Overath	3
10:05	IC 2228	Nürnberg Hbf	5
10:05	ICE 614	München Hbf	4
10:06	RB 11827	Dieringhausen	9
10:06	RB 11825	Overath	15
10:06	S 6	Köln-Nippes	10 A-B
10:06	S 11	Düsseldorf Hbf	10 A-B
10:09	S 12	Hennef (Sieg)	11 B-C
10:09	ICE 956	Berlin Ostbahnhof	12
10:10	S 12	Sindorf	10 A-B
10:10	S 13	Köln Hansaring	10 A-B
10:11	RE 10112	Hamm (Westf.)	8
10:12	RE 4861	Aachen Hbf	7
10:12	IC 2005	Norddeich Mole	3
10:12	RB 11162	Kall	5
10:12	EC 101	Hamburg-Altona	4
10:13	S 11	Bergisch Gladbach	11 A-B
10:16	S 6	Köln-Nippes	10 A-B
10:16	S 11	Düsseldorf Wehrhahn	10 A-B
10:18	RE 29718	Krefeld Hbf	14
10:18	RE 11403	Köln Messe/Deutz	13

1 Erkläre, wie du die Fahrpläne liest.

2 Im Hauptbahnhof von Köln steigen viele Reisende um.
- Anna kommt aus Aachen und muss nach Essen weiterfahren.
- Bernd aus Koblenz möchte in Köln am Lenauplatz einen Freund besuchen.
- Christine aus Nürnberg möchte mit der S-Bahn weiter nach Neuss.
- Daniel …

Zum Umsteigen müssen mindestens vier Minuten eingerechnet werden.

a. Lies für verschiedene Reisende mögliche Ankunfts- und Abfahrtszeiten aus den Fahrplänen und notiere sie in einer Tabelle.

b. Berechne immer die Umsteigezeit.

c. Erfinde selbst einen Reisenden und gib die Aufgabe deiner Partnerin oder deinem Partner.

Bei der Deutschen Bahn AG sorgen rund 215 000 Angestellte Tag und Nacht dafür, dass Passagiere und Güter rechtzeitig ankommen. Im Jahr 2005 verkehrten 9 von 10 Zügen pünktlich. Die Deutsche Bahn AG beförderte 2005 ca. 1,385 Mrd. Reisende.

3 Es ist 9 Uhr. Thomas' Großeltern kommen mit dem IC 2005 aus Duisburg. Für den Weg zum Kölner Hauptbahnhof rechnet Thomas 25 Minuten.

a. Wann etwa muss Thomas von zu Hause weggehen?

b. Die Großeltern steigen nicht aus dem Zug. Thomas studiert den Fahrplan und überlegt. Und du? Was denkst du?

c. Erfinde andere Beispiele und ergänze sie mit Zeitangaben.

L *Fahrpläne lesen.*
Mit Zeitangaben rechnen.

4 Züge holen Verspätungen teilweise wieder auf.

a. Berechne die Fahrzeiten nach Fahrplan.

b. Gib die veränderten Abfahrts- und Ankunftszeiten an.

c. Berechne für jeden Zug die tatsächliche Fahrzeit.

Abfahrt nach Fahrplan	12:34	13:03	13:30
Fahrplanmäßige Ankunft	13:46	14:14	15:09
Verspätete Abfahrt (min)	17	0	12
Zeitverlust auf der Strecke (min)	0	5	3
Aufgeholte Minuten	9	0	7

5 Anschlüsse in Mannheim.

	ICE				
Stuttgart	14:53				
Mannheim	15:31				
Mannheim		15:35	15:36	15:39	15:44
Dortmund		18:20			
Karlsruhe			15:59		
Saarbrücken				17:09	
Mainz					17:08

So kannst du die Zeitspanne von 8:06 bis 17:09 Uhr berechnen.

8:06 —54 min→ 9:00 —8 h→ 17:00 —9 min→ 17:09

54 min + 8 h + 9 min = 9 h 03 min

8:06 —9 h→ 17:06 —3 min→ 17:09

9 h + 3 min = 9 h 03 min

a. Berechne die Reisezeiten von Stuttgart nach Mannheim, Dortmund, Karlsruhe, Saarbrücken und Mainz.

b. Wenn ein Intercityexpress in Stuttgart mit Verspätung abfährt, kann das die Abfahrt verschiedener Anschlusszüge in Mannheim verzögern. Ein Anschlusszug fährt vier Minuten nach Ankunft des verspäteten Zuges von Mannheim ab.
Gib die Abfahrts- und Ankunftszeiten der Anschlusszüge bei Verspätungen des Intercityexpress-Zuges von 2; 4; 9; 16 oder 25 Minuten an.

6 Saarbrücken – Wyk: Viermal umsteigen.
Eine Schulklasse reist mit der Bahn von Saarbrücken nach Wyk auf der Insel Föhr in der Nordsee.
Berechne

a. die Reisezeit im Zug.

b. die Reisezeit auf dem Schiff.

c. die Umsteigezeiten.

d. die gesamte Reisezeit.

e. Stelle selbst Reisen mit Fahrplänen zusammen, schreibe Zeitangaben heraus und berechne Reisezeiten. (Tipp: www.bahn.de)

Bahnhof/Haltestelle	Zeit	Gleis	Produkte	Bemerkungen
Saarbrücken Hbf Mannheim Hbf	ab 07:40 an 09:10	3 9	RE 4091	Regionalexpress Fahrradmitnahme begrenzt möglich
Mannheim Hbf Hamburg-Altona	ab 09:16 an 14:07	3 7	ICE 78	Intercity-Express Bordrestaurant
Hamburg-Altona Niebüll	ab 14:33 an 16:58	8 3	NOB80516	NordOstseeBahn Fahrradmitnahme begrenzt möglich
Niebüll Niebüll neg			Fußweg	
Niebüll neg Dagebüll Mole	ab 17:12 an 17:36	 Neg	neg 17	Norddeutsche Eisenbahn Gesellschaft Fahrradmitnahme begrenzt möglich
Dagebüll Mole Wyk auf Föhr	ab 17:45 an 18:30		Schiff	Wyker Dampfschiff Reederei (WDR) Fahrradmitnahme begrenzt möglich

Bei der Bahn kommen auch Verspätungen vor. Zum Beispiel können wegen Bauarbeiten Behinderungen im Bahnverkehr entstehen. Muss ein Zug von 140 auf 80 Kilometer pro Stunde bremsen, weil eine Weiche repariert wird, verliert er rund zwei Minuten. Können die Züge Verspätungen auch aufholen? „Einzelne Minuten sind manchmal möglich", sagt ein Verantwortlicher bei der Bahn.

7 Schreibe eine mathematische Geschichte zum Thema „Verspätungen".

12 Runden

Ganz genau zu sein ist nicht immer notwendig und auch nicht immer sinnvoll. Manchmal musst du runden, um schnell ein Ergebnis zu erhalten oder um besser rechnen zu können.

Einkaufen

1 Du kaufst für die Familie Lebensmittel ein. Als du mit dem Warenkorb vor der Kasse in der Schlange stehst, fällt dir ein, dass du das Portemonnaie zu Hause vergessen hast. Zum Glück hast du noch 20 Euro in der Hosentasche, die du von der Oma gestern bekommen hast. Gleich bist du dran. Überschlage, ob 20 Euro reichen.
Berichte, wie du gerechnet hast.

2 1- und 2-Cent-Münzen aus Finnland sind sehr selten. Sie wurden dort nur zur Einführung des Euros geprägt. Seit einigen Jahren werden sie nicht mehr hergestellt. Das liegt daran, dass die Bürger Finnlands sie nicht benötigen. Dort werden nämlich sämtliche Endpreise auf 5-Cent gerundet.
Was bezahlt man in Finnland, wenn man zwei Hefte zu je 0,37 € kauft?
Was müssen Finnen an der Supermarktkasse bezahlen, wenn sie die Artikel aus dem Einkaufskorb jeweils einzeln kaufen?
Was muss man in Finnland bezahlen, wenn man Waschmittel und Ravioli aus dem Korb kauft?
Was glaubst du, sind die Finnen benachteiligt durch das Runden oder ist es eher ein Vorteil für sie? Erfinde Beispiele, um deine Meinung zu belegen.

Uhrzeit

3 Die Uhr zeigt an:

- 9:09 9:19 9:29 9:39 9:49 9:59
- 10:00 10:10 10:20 10:30 10:40 10:50
- 11:07 11:17 11:27 11:37 11:47 11:57
- 20:02 21:12 22:22 23:32 00:42 1:52

a. Gib die Uhrzeit auf eine halbe Stunde genau an.
b. Gib die Uhrzeit auf eine viertel Stunde genau an.
c. Runde die Uhrzeit auf zehn Minuten genau.
d. Beschreibe je eine Situation, in der das Runden auf eine halbe Stunde, eine viertel Stunde oder auf zehn Minuten im täglichen Leben sinnvoll ist.
e. In welchen Situationen sollte man keine Zeiten runden?

L *Runden im Alltag. Rundungsregel anwenden.*
Überschlagsrechnungen durchführen.

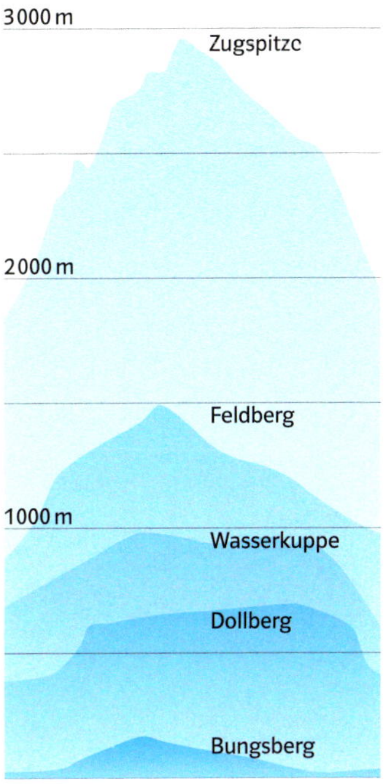

Bundesland	Höchster Berg	Höhe
Baden-Württemberg	Feldberg	1493 m
Bayern	Zugspitze	2962 m
Berlin	Großer Müggelberg	115 m
Brandenburg	Heidehöhe	201 m
Bremen	Erhebung am Friedehorstpark	32,5 m
Hamburg	Hasselbrack	116 m
Hessen	Wasserkuppe	950 m
Mecklenburg-Vorpommern	Helpter Berge	179 m
Niedersachsen	Wurmberg	971 m
Nordrhein-Westfalen	Langenberg	843 m
Rheinland-Pfalz	Erbeskopf	816 m
Saarland	Dollberg	695 m
Sachsen	Fichtelberg	1214 m
Sachsen-Anhalt	Brocken	1141 m
Schleswig-Holstein	Bungsberg	168 m
Thüringen	Großer Beerberg	982 m

Berghöhen

4 Die Zugspitze ist mit fast 3000 Metern der höchste Gipfel Deutschlands. Sie liegt in Bayern. Mit fast 1500 Metern ist der Feldberg der höchste Gipfel in Baden-Württemberg. Die höchste Erhebung Brandenburgs ist mit fast 200 Meter die Heidehöhe direkt an der Grenze zu Sachsen. Sachsens höchster Berg ist der Fichtelberg mit über 1200 Metern.
Alle diese Höhenangaben sind gerundet. So kann man sich Zahlen leichter merken und besser mit anderen Zahlen vergleichen. Dadurch werden sie auch anschaulicher.

Vor dem Runden einer Zahl ist die Rundungsstelle (Zehner, Hunderter, Tausender, …) festzulegen. Die Ziffer, die rechts von der Rundungsstelle steht, ist für das Runden entscheidend.

Wir vereinbaren:
Für gerundete Zahlen wird das Zeichen ≈ verwendet.
2962 m ≈ 3000 m
Man liest: „… ist ungefähr …“

Rundungsstelle (z. B. Hunderter)

Steht hier eine **5, 6, 7, 8** oder **9**, so wird **aufgerundet**.

Wurmberg: 971 m ≈ 1000 m (aufgerundet)
Erbeskopf: 816 m ≈ 800 m (abgerundet)

Steht hier eine **0, 1, 2, 3** oder **4**, so wird **abgerundet**.

a. Wie hoch sind die Gipfel in der Tabelle? Ordne die Höhenangaben und runde sie auf 100 Meter und auf 10 Meter.
b. Wie viele Meter über dem Meer liegt dein Wohnort?

5 Bei welchen Angaben darf man nicht runden?
a. Postleitzahlen
b. Entfernung zwischen Bonn und Siegen
c. Telefonnummer
d. Geburtsjahr
e. Einwohnerzahl von Bielefeld
f. Höhe des Eiffelturmes in Paris
g. Autokennzeichen

Suche weitere Beispiele, bei denen Zahlen nicht gerundet werden dürfen.

13 Größen und Komma

Größen werden oft mit Komma geschrieben. Wie liest man solche Größen und was bedeuten sie?

Du kannst Größenangaben unterschiedlich schreiben, zum Beispiel beim Geld.

3590 ct (im Alltag nicht gebräuchlich)
35 € 90 ct (eher selten)
35,90 € (häufig)
€ 35.90 (eher selten)

Längen mit Komma

Das Gleiche kannst du mit Längen durchführen:

Zur Erinnerung:
1 cm = 10 mm
1 dm = 10 cm = 100 mm
1 m = 10 dm = 100 cm = 1000 mm

1 m	10 cm	1 cm
1	3	5

1,35 m
Sprich: „eins Komma drei fünf Meter"

10 cm	1 cm	1 mm
1	3	5

13,5 cm
„dreizehn Komma fünf Zentimeter"

1 Schreibe in m und cm und mit Komma.
135 cm = 1 m 35 cm = 1,35 m
245 cm =
355 cm =
465 cm =
575 cm =
685 cm =

2 Schreibe in cm und mm und mit Komma.
135 mm = 13 cm 5 mm = 13,5 cm
245 mm =
355 mm =
465 mm =
575 mm =
685 mm =

L *Längen mit Komma schreiben.*
Größenangaben auf verschiedene Arten schreiben.

Zur Erinnerung:
1 km = 1000 m

1 km	100 m	10 m	1 m
1	3	5	0

1,350 km

Sprich: „eins Komma drei fünf null Kilometer“

3 Schreibe in km und m und mit Komma.

1350 m = 1 km 350 m = 1,350 km
2450 m =
3550 m =
4650 m =
5750 m =
6850 m =

4 Schreibe in km mit Komma.

123 500 m =
12 350 m =
1235 m =
123 m =
12 m =
1 m =

Verschiedene Größen mit Komma

Zur Erinnerung:
1 hl = 100 l
1 l = 10 dl = 100 cl = 1000 ml
1 dl = 10 cl = 100 ml

1 l	10 cl	1 cl
1	2	3

1,23 l

oder

1 l	100 ml	10 ml	1 ml
1	2	3	0

1,230 l

1 hl	10 l	1 l
3	6	9

3,69 hl

Zur Erinnerung:
1 t = 1000 kg
1 kg = 1000 g

1 kg	100 g	10 g	1 g
1	3	5	7

1,357 kg

1 t	100 kg	10 kg	1 kg
2	4	6	8

2,468 t

5 Schreibe auf verschiedene Arten, z. B.: 12,3 l = 123 dl = 0,123 hl = 12 l 3 dl = …

a.	b.	c.	d.	e.
12,3 l	1,357 kg	0,002 t	22,44 hl	9,99 hl
123,0 l	13,570 kg	0,024 t	2,24 hl	9,99 kg
1,23 l	135,700 kg	0,246 t	0,22 hl	9,99 l
0,123 l	1357,000 kg	2,468 t	0,02 hl	9,999 t

6 Schreibe mit Komma.

a.	b.	c.	d.
45 l 6 dl	13 kg 500 g	333 m 3 dm	9 km 450 m
45 l 6 ml	13 kg 50 g	333 m 3 cm	9 km 45 m
45 hl 6 l	13 kg 5 g	333 m 3 mm	94 km 5 m
45 hl 60 l	1350 kg	333 m 33 cm	94 km 50 m

7 Zwei Paare gehören jeweils zusammen, eine Zahl fällt aus dem Rahmen.

a.	5,004 kg	5 kg 40 g	5004 g	5,040 kg	5,400 kg
b.	163 l	1630 ml	1,63 l	1,63 hl	16,3 cl
c.	134,5 m	134,5 cm	1,345 km	1345 mm	1345 m

8 Ordne jeweils der Größe nach.

a.	987 m	9,87 km	9 km 87 m	9,087 km	9 km 870 m
b.	75,430 t	75 t 43 kg	7543 kg	75,43 t	75 t 430 kg
c.	842 cm	84,20 m	842,0 dm	84 m 2 cm	84 m 20 cm

14 Rechnen mit Komma

Kommazahlen sind dir bei Größen schon oft begegnet. Hier erfährst du, wie man mit Kommazahlen rechnen kann.

Addition

Achmed und Nadine haben ihren Schulweg gemessen.
Achmed wohnt 1 km 480 m nördlich der Schule. Nadine wohnt südlich der Schule. Ihr Schulweg beträgt 670 m. Sie wollen ausrechnen, wie weit es von Achmed zu Nadine ist.
Sie überlegen sich verschiedene Möglichkeiten.

1. Möglichkeit: 1 km 480 m + 670 m = 1 km + 1150 m = 2 km 150 m = 2,150 km

2. Möglichkeit:
1480 m
+ 670 m
2150 m = 2 km 150 m = 2,150 km

3. Möglichkeit:
1,480 km
+ 0,670 km
2,150 km

Wie rechnest du?

1 Berechne.

a.	b.	c.
9,39 m + 8,96 m	8,76 l + 12,58 l	10,648 km + 19,847 km
10,50 m + 7,95 m	9,02 l + 14,32 l	10,520 km + 18,975 km
11,61 m + 6,94 m	9,28 l + 16,06 l	10,392 km + 18,103 km
12,72 m + 5,93 m	9,54 l + 17,80 l	10,264 km + 17,231 km
14,77 m + 39,8 dm	0,2 hl + 9,34 l	25,754 km + 750 m
345 cm + 15,4 m	123 cl + 30,11 hl	10,870 km + 14 625 m
13,01 m + 694 cm	134 cl + 0,32 hl	20 070 m + 4,425 km

Subtraktion

Achmed und Nadine berechnen den Unterschied ihrer beiden Schulwege.
Sie überlegen sich auch hier verschiedene Möglichkeiten:

1. Möglichkeit: 1 km 480 m − 670 m =

2. Möglichkeit: 1480 m − 670 m =

3. Möglichkeit: 1,480 km − 0,670 km =

Wie rechnest du?

2 Berechne.

a.	b.	c.
90,12 hl − 10,31 hl	321,321 kg − 123,123 kg	321,204 t − 287,871 t
90,21 hl − 10,41 hl	432,432 kg − 234,234 kg	312,240 t − 278,906 t
91,30 hl − 11,51 hl	543,543 kg − 345,345 kg	321,402 t − 288,067 t
91,39 hl − 11,61 hl	654,654 kg − 456,456 kg	312,420 t − 279,084 t
92,48 hl − 12,71 hl	753,753 kg − 357,357 kg	321,024 t − 287,687 t
81,88 hl − 210 l	200,3 kg − 2102 g	40,014 t − 6678 kg
8156 l − 1,79 hl	5,430 t − 5033,604 kg	88,46 t − 55 123 kg
80 hl − 24 l	400,396 kg − 4000 g	38,138 t − 4800 kg

L *Größen mit Komma addieren und subtrahieren.*
Größen mit Komma multiplizieren und dividieren.

Multiplikation

Am Montag hat Achmed am Morgen und am Nachmittag Schule. Er geht über Mittag nach Hause. Nadine rechnet mit ihm auf verschiedene Arten aus, welche Strecke er am Montag insgesamt zurücklegt.

1. Möglichkeit:
4 · 1,480 km = 4 · 1 km + 4 · 480 m = 4 km + 4 · 400 m + 4 · 80 m
= 4 km + 1 km 600 m + 320 m = 5 km 920 m

2. Möglichkeit:
4 · 1,480 km = 4 · 1,500 km − 4 · 20 m = 6 km − 80 m = 5 km 920 m

3. Möglichkeit:
4 · 1480 m = 4 · 1000 m + 4 · 400 m + 4 · 80 m
= 4000 m + 1600 m + 320 m = 5920 m = 5,920 km

4. Möglichkeit:
4 · 1,480 km (Überträge: 1, 3)
5,920 km

Wie rechnest du?

3 Berechne.

a.	b.	c.
2 · 5,760 km	3 · 23,050 kg	9 · 14,380 t
4 · 2,880 km	5 · 14,230 kg	3 · 40,140 t
6 · 1,920 km	7 · 10,450 kg	6 · 18,570 t
8 · 1,440 km	9 · 8,350 kg	4 · 25,605 t
10 · 1,152 km	0 · 8,115 kg	2 · 46,710 t

Division

Achmed und Nadine fragen ihren Lehrer, wie lang sein Schulweg sei. Er antwortet: „Ich komme mit dem Fahrrad zur Schule und fahre über Mittag nach Hause. An einem ganzen Schultag fahre ich 5,560 km." Typisch Lehrer. Jetzt müssen sie rechnen. Sie rechnen auf folgende Arten:

1. Möglichkeit:
5,560 km = 5560 m
5560 m : 4 = 4000 m : 4 + 1200 m : 4 + 360 m : 4
= 1000 m + 300 m + 90 m = 1390 m = 1,390 km

2. Möglichkeit:
5,560 km : 4 = 5 km : 4 + 560 m : 4 = 1 km 250 m + 140 m = 1,390 km

3. Möglichkeit:
5,560 km : 4 = 1,390 km
4
15
12
36
36
000

Wie rechnest du?

4 Berechne.

a.	b.	c.
1,480 km : 2	51,030 t : 3	3,002 kg : 2
2,960 km : 4	17,010 t : 3	30,020 kg : 20
4,440 km : 6	5,670 t : 3	300,200 kg : 20
5,920 km : 8	1,890 t : 3	330,220 kg : 22
13,320 km : 9	0,630 t : 3	330,022 kg : 22

15 Proportionalität

Du hast schon viel mit Tabellen gearbeitet. Im Alltag können dir Tabellen helfen, Zusammenhänge zwischen zwei verschiedenen Größen zu erkennen.

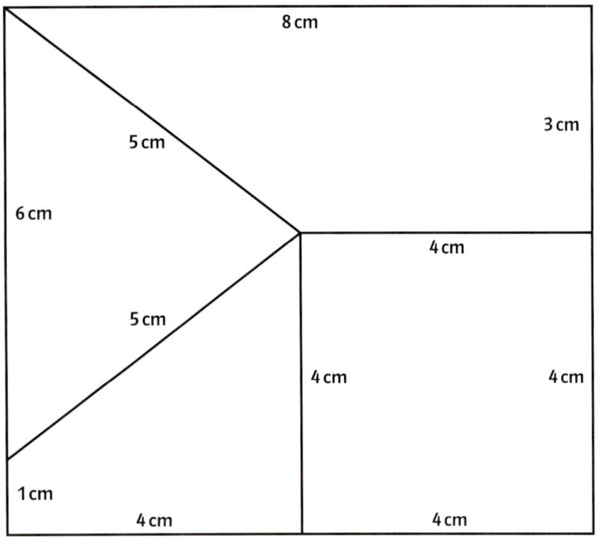

Vergrößern und verkleinern

1 Dieses Rechteck besteht aus vier Teilen. Stellt aus Papier ein größeres Rechteck her. Die Teile sollen genau die gleiche Form haben wie in der abgebildeten Figur. Was jetzt 4 cm lang ist, soll bei den neuen Teilen 6 cm lang sein.

2 Schreibt diese Tabelle ins Heft und füllt sie aus.

altes Rechteck	1 cm	3 cm	4 cm	5 cm	6 cm	8 cm
neues Rechteck			6 cm			

Wenn ihr die Aufgabe richtig gelöst habt, hat das neue Rechteck eine Länge von 12 cm und eine Breite von 10,5 cm. Schreibt auf, wie ihr die Lösung gefunden habt. Untersucht die Tabelle!

3 Man kann das Rechteck auch auf eine andere Art vergrößern oder verkleinern. Schreibe diese Tabellen ins Heft und fülle sie aus.

a.

altes Rechteck	1 cm	3 cm	4 cm	5 cm	6 cm	8 cm
neues Rechteck			10 cm			

b.

altes Rechteck	1 cm	3 cm	4 cm	5 cm	6 cm	8 cm
neues Rechteck				15 cm		

c.

altes Rechteck	1 cm	3 cm	4 cm	5 cm	6 cm	8 cm
neues Rechteck					3 cm	

30 · 2 : 3	60 · 2 : 3	90 · 2 : 3	120 · 2 : 3	150 · 2 : 3	180 · 2 : 3	210 · 2 : 3	240 · 2 : 3
15 : 5 · 3	30 : 5 · 3	45 : 5 · 3	60 : 5 · 3	75 : 5 · 3	90 : 5 · 3	105 : 5 · 3	120 : 5 · 3
30 : 2 · 3	60 : 2 · 3	90 : 2 · 3	120 : 2 · 3	150 : 2 · 3	180 : 2 · 3	210 : 2 · 3	240 : 2 · 3
30 · 3 : 4	60 · 3 : 4	90 · 3 : 4	120 · 3 : 4	150 · 3 : 4	180 · 3 : 4	210 · 3 : 4	240 · 3 : 4
30 : 5 · 6	60 : 5 · 6	90 : 5 · 6	120 : 5 · 6	150 : 5 · 6	180 : 5 · 6	210 : 5 · 6	240 : 5 · 6
20 · 2 : 5	60 · 2 : 5	100 · 2 : 5	140 · 2 : 5	180 · 2 : 5	220 · 2 : 5	260 · 2 : 5	300 · 2 : 5

L *Tabellen zur Proportionalität erstellen und berechnen.*
Gesetzmäßigkeiten erkennen. Dreisatz.

Preislisten

4 Hier siehst du einige unvollständige Preislisten. Schreibe sie in dein Heft und ergänze:

a. Orangen

Gewicht	Preis
1 kg	
2 kg	5,00 €
3 kg	
4 kg	
5 kg	
6 kg	
7 kg	
8 kg	

b. Ananas

Anzahl	Preis
1 Stück	
2 Stück	
3 Stück	
4 Stück	12 €
5 Stück	
6 Stück	
7 Stück	
8 Stück	

c. Kabel

Länge	Preis
1 m	
2 m	
3 m	
4 m	
5 m	2,50 €
6 m	
7 m	
8 m	

5 Vergleiche die Tabellen aus Aufgabe 3 und Aufgabe 4 miteinander. Die einen sind von links nach rechts zu lesen, die anderen von oben nach unten. Was fällt dir sonst noch auf? Schreibe deine Beobachtungen ins Heft.

6 Erstelle Preistabellen mit folgenden Angaben:

a. 6 Eier kosten 1,50 €. Erstelle eine Preistabelle für 1 bis 12 Stück.

b. 4 Croissants kosten 2,80 €. Erstelle eine Preistabelle für 1 bis 12 Stück.

c. 3 Paar Socken kosten 4,80 €. Erstelle eine Preistabelle für 1 bis 12 Paar.

d. Eine Kiste mit 12 Flaschen Mineralwasser kostet 4,80 € (ohne Pfand). Erstelle eine Preistabelle für 1 bis 12 Flaschen.

7 Nimm die Preise aus Aufgabe 6 und beantworte folgende Fragen:

a. Wie viel kosten 20; 30; 50; 100 Eier?

b. Wie viel kosten 20; 30; 50; 100 Croissants?

c. Wie viel kosten 15; 18; 19; 20; 21 Paar Socken?

d. Wie viel kosten 2; 3; 5; 8 Kisten Mineralwasser (ohne Pfand)? Wie viele Flaschen sind das jeweils?

Rezept

8 Im Buch „Kochen im Ferienlager" stehen Rezepte für 10 Personen. Für Vanillepudding findet man folgende Angaben.

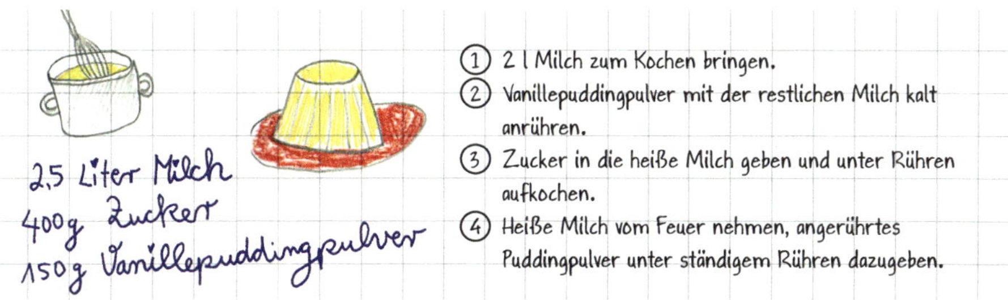

Wie viel Milch, Zucker und Vanillepuddingpulver benötigt man, wenn 15; 18; 25; 27; 30; 40 Kinder im Lager sind? Rechne möglichst geschickt.

16 Je mehr, desto ...

Es war einmal ein Wasserhahn,
der tropfte pausenlos,
und jeder, der ihn hörte,
fand den Rhythmus ganz famos.
Er tropfte nicht nur einfach so,
wie's jeder Hahn versteht,
sein Rhythmus war voll Swing und
Pep und Musikalität.
Tipitipi tup tup tropft der Rhythmus,
tipitipi tup tup immerzu.
Tipitipi tup tup tup der Wasserhahn
gab einfach keine Ruh.

Tropfender Wasserhahn

Ein paar Wassertropfen, was ist das schon?
Sind es wirklich nur ein paar Tropfen?

Lasst einen Wasserhahn im Schulgebäude tropfen und führt Zählungen und Messungen durch:

- leichtes Tropfen,
- mittelmäßiges Tropfen,
- starkes Tropfen.

Erstellt Tabellen und füllt sie aus.

Zeit	1 min	2 min	3 min	...
Wassertropfen				

Zeit	1 min	2 min	3 min	...
Wassermenge				

Wassermenge	1 cl	1 dl	1 l	...
Zeit				

Wie viel Wasser tropft

- in einer Minute?
- in 5 Minuten?
- in 10 Minuten?
- in einer halben Stunde?
- in einer Stunde?
- an einem Tag?
- in einer Woche?
- in einem Monat?
- in einem Jahr?

Das Waschbecken im Badezimmer fasst ungefähr 15 l Wasser, die Badewanne etwa 200 l.
Wie lange muss der Wasserhahn tropfen, bis Waschbecken oder Badewanne voll sind?

Brunnen

In manchen Dörfern und Städten gibt es noch alte Brunnen mit ständig fließendem Wasser. Vielleicht steht bei der Schule oder in der Nähe ein solcher Brunnen. Findet heraus, wie groß der Wasserverbrauch etwa ist.
Erstellt eine Tabelle.

L *Messungen zur Proportionalität durchführen.*
Tabellen erstellen und berechnen.

Getränke einschenken

Im Restaurant werden Getränke aus Flaschen in Gläser abgefüllt.
Zeichne Tabellen in dein Heft und fülle sie aus.

Literflaschen	1	2	5	6	10	12	15	
0,1-l-Gläser								

Literflaschen	1	2	5	6	10	12	15	
0,2-l-Gläser								

Und mit anderen Gläsern: 0,25 l; 0,3 l; 0,5 l?

Flaschen zu 1,5 l	1	2	5	6	10	12	15	
0,1-l-Gläser								

Flaschen zu 1,5 l	1	2	5	6	10	12	15	
0,2-l-Gläser								

Und mit anderen Gläsern: 0,25 l; 0,3 l; 0,5 l?

Ein Klassenfest vorbereiten

Zum Klassenfest haben sich 25 (15; 20; 21; 22; 29; 34) Schülerinnen und Schüler angemeldet. Wie viel muss zum Trinken eingekauft werden? Was kostet das? Pro Kind rechnet man mit 0,3 l bis 0,6 l. Die Getränke sind in Literflaschen oder in Flaschen zu 1,5 l im Laden erhältlich. Teilt euch die Rechenarbeit auf. Verwendet Tabellen.

Gläser abwaschen

Zum Abwaschen füllst du ein Becken mit heißem Wasser. 10 l reichen, um alle beim Klassenfest gebrauchten Gläser abzuwaschen. Zum anschließenden Abspülen mit klarem Wasser füllst du ein kleineres Becken, 4 l heißes Wasser genügen. Wenn du die Gläser einzeln unter dem fließenden Wasser reinigst, verbrauchst du etwa 6 dl heißes Wasser pro Glas. Was stellst du fest? Was meinst du? Schreibe einen Bericht.

Viele Möglichkeiten

Der Inhalt von vier Literflaschen wird in Gläser verteilt. Es werden Gläser zu 0,1 l; 0,2 l; 0,25 l; 0,4 l; 0,5 l gefüllt. Findest du verschiedene Möglichkeiten?

Start						Ziel
5	$\xrightarrow{\cdot 2}$	$\xrightarrow{\cdot 5}$	$\xrightarrow{\cdot 10}$	$\xrightarrow{:5}$	$\xrightarrow{:2}$	…
10						…
15						…
20						…
25						…
0,5						…
0,1						…
0,25						…

17 Knoten

Schuhe binden, Knöpfe annähen, Päckchen schnüren:
Knoten sind überall! Wo verwendest du Knoten?
Welche verschiedenen Knoten kennst du?

1 Nimm ein Seil oder eine dicke Schnur und knüpfe einen einfachen Knoten. Verbinde die beiden freien Enden mit Faden oder Klebeband. Du hast nun einen Knoten mit drei Kreuzungen.

2 Hier sind zwei verschiedene Knoten:

a. Bilde beide Knoten mit zwei dicken Schnüren nach.
b. Zeichne beide Knoten ab.
c. Beide Knoten haben fünf Kreuzungen. Kreise sie auf deinen Zeichnungen ein.
d. Einer von beiden ist gar kein richtiger Knoten! Durch Umlegen von einzelnen Schnurteilen kannst du ihn wieder lösen.

3 Untersuche weitere Knoten.

A

B

C

D
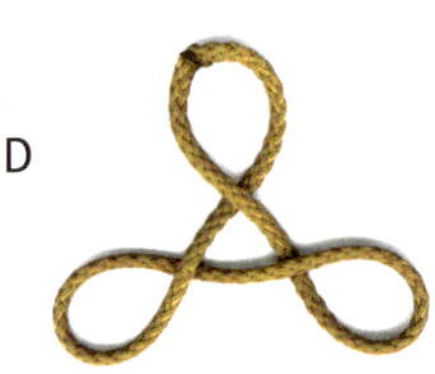

E

F

G

H

a. Bilde sie mit Schnur nach.
b. Welche sind gar keine richtigen Knoten?
c. Zeichne sie ab.
d. Wähle einen Knoten aus. Schau ihn dir genau an und zeichne ihn auswendig.

L *Knoten knüpfen, zeichnen und untersuchen.*

Knoten, der aus zwei Kleeblättern zusammengesetzt ist:

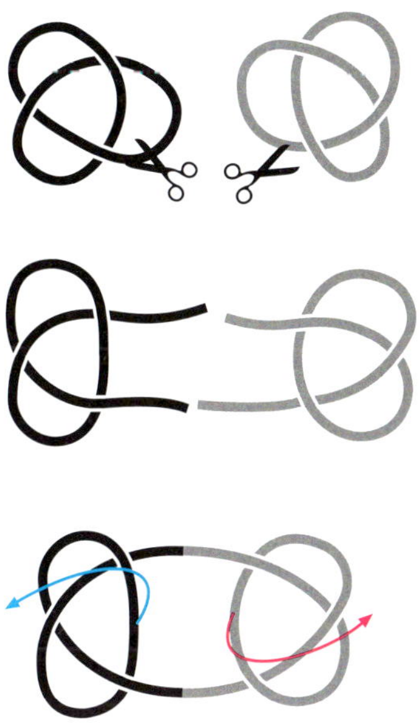

Durch Umlegen von einzelnen Schnurteilen entsteht daraus der Kreuzknoten.

4 Besondere Knoten

Kleeblatt

Brezel

Kreuzknoten

a. Zeichne die drei Knoten.
b. Bilde sie mit Schnur nach.
c. Kannst du es auch auswendig?

5 Bilde den Knoten mit Schnur nach.

Brezel? Kleeblatt? Kreuzknoten? Kein richtiger Knoten?
Lege einzelne Schnurteile um, bis du entscheiden kannst.

A

B

C

D

E

F

G

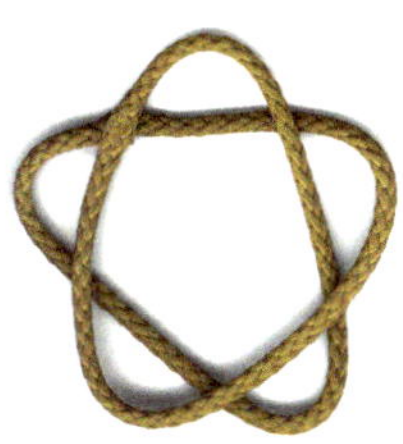

H

I

6 Bilde mit Schnur eigene Knoten.

a. Zeichne sie ab.
b. Wie viele Kreuzungen haben deine Knoten?
c. Kannst du durch Umlegen von Schnurteilen die Anzahl Kreuzungen verkleinern?
d. Bilde einen Knoten, der aus einem Kleeblatt und aus einer Brezel zusammengesetzt ist.

18 Brüche im Alltag

Überall im Alltag begegnen uns Brüche. Findest du weitere Beispiele?

L *Alltagssituationen verstehen und kommentieren.*
Angaben in Bruch-Schreibweise verstehen.

1 Wie lautet das Rezept, wenn du ein Glas Karamellpunsch für dich allein zubereiten willst?
Wie lautet das Rezept für 2; 3; 6; 8; … Personen?

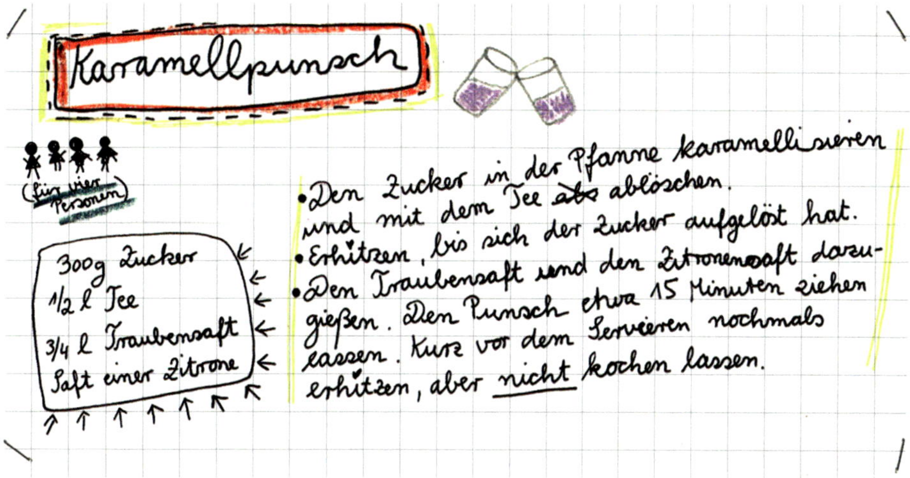

2 Gießt aus dem Messbecher Wasser in andere Gefäße.
Messt ab.

$1\,l - \frac{1}{2}\,l$

$\frac{1}{2}\,l - \frac{1}{4}\,l$

$\frac{3}{4}\,l - \frac{1}{2}\,l$

Erfindet weitere Beispiele.

3 Erklärt den anderen folgende Zeitangaben:
- eine Viertelstunde
- eine halbe Stunde
- viertel vor sieben
- eine Halbzeit beim Fußballspiel
- ein Spieldrittel beim Eishockey
- eine Hundertstelsekunde

19 Anteile darstellen

In der Grundschule hast du vielleicht schon einmal mit Wendeplättchen gearbeitet. Mit Wendeplättchen kannst du auch Anteile darstellen.

Plättchen legen – Teile beschreiben

6 Plättchen von 24 sind rot.

Von 24 Plättchen ist jedes vierte rot.

Der vierte Teil von 24 Plättchen ist rot. Ein Viertel von 24 Plättchen ist rot. $\frac{1}{4}$ von 24 = 6

1 Lege und beschreibe ebenso auf verschiedene Arten.

a. 

b. 

c. 

Zwei Fünftel von 20

Paul

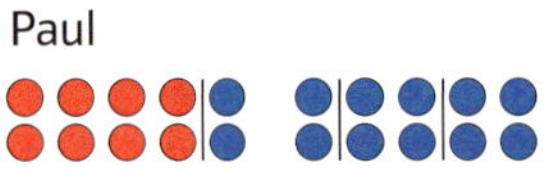

„Ich habe das Zwanzigerfeld in 5 gleiche Teile unterteilt. Der fünfte Teil von 20 ist 4, zweimal der fünfte Teil ist 8."

Carla

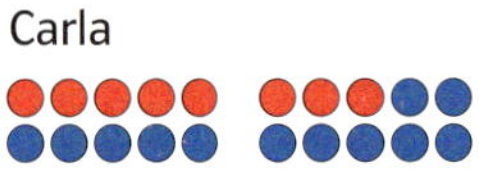

„Ich habe gerechnet: durch 5 mal 2."
$20 : 5 = 4 \qquad 4 \cdot 2 = 8$

Theresa

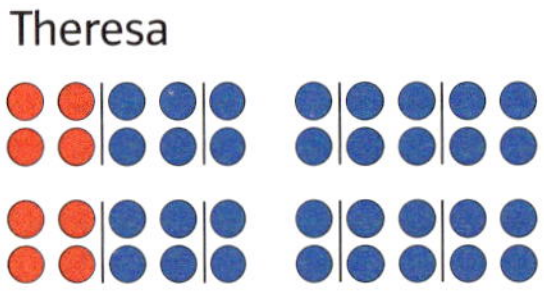

„$\frac{2}{5}$ von 20 ist das Gleiche wie $\frac{1}{5}$ von 40, das ist 8."

Niklas

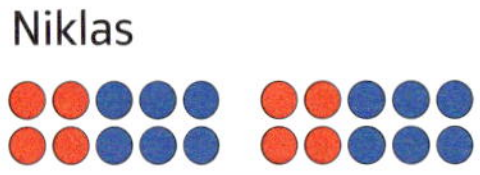

„Immer 2 von 5 Plättchen sind rot. Das sind viermal 2, also 8."

2 Lege 36 Wendeplättchen.

a. Stelle folgende Anteile von 36 dar. Verwende verschiedene Methoden und vergleiche die Ergebnisse.
$\frac{1}{2}$ von 36 = 18 $\quad \frac{2}{3}$ von 36 = $\quad \frac{3}{4}$ von 36 = $\quad \frac{4}{6}$ von 36 = $\quad \frac{5}{9}$ von 36 =

b. Suche weitere Anteile von 36.

L *Bruchteile an der Zahlenreihe und am Zwanzigerfeld bilden und beschreiben.*
Bruchteile am Punktefeld bilden und beschreiben.

$\frac{1}{4}$ von 100 = 25

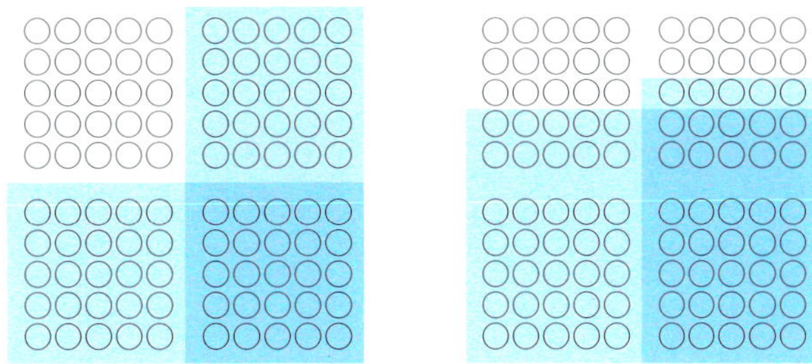

3 Stelle verschiedene Anteile am Hunderterfeld durch Abdecken mit Folienstreifen dar und notiere dazu jeweils das Ergebnis.

4 Bestimme den Anteil der roten Plättchen.

A

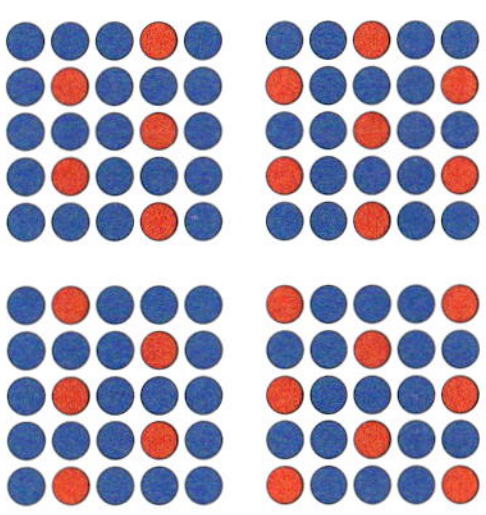

B

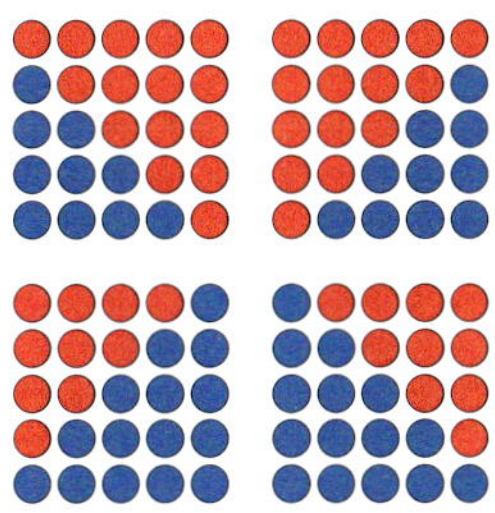

C

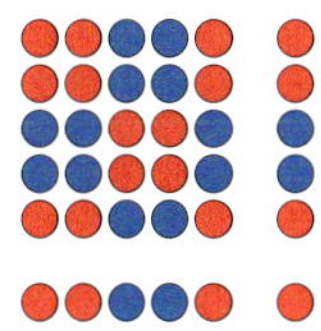

D

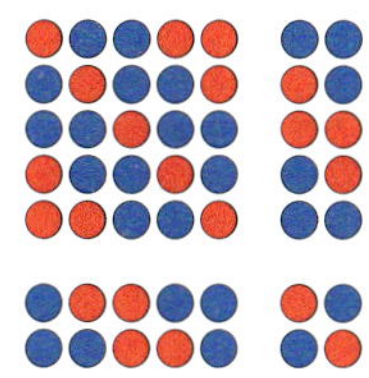

5 Zeichne auf dem „Hunderterfeld" (Kopiervorlage) andere Muster und beschreibe immer den Anteil der roten Plättchen.

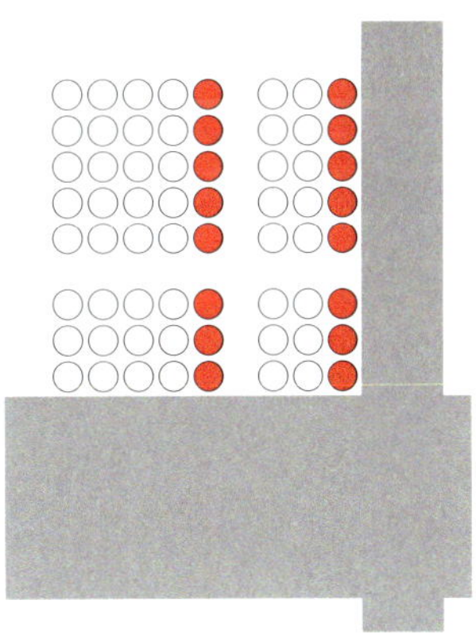

6 Erfinde selbst Aufgaben.
Arbeite mit dem Blatt „Hunderterfeld" (Kopiervorlage).
Markiere ein Feld, zum Beispiel 8 · 8 Plättchen.
Färbe einige Plättchen rot.
Bestimme den Anteil für die roten Plättchen.
Halte deine Erfindungen in einer Tabelle fest.

Größe des Feldes	64	75				
rote Plättchen	16	25				
Anteil	$\frac{1}{4}$					

7 Schreibe möglichst viele Anteile von 1000 auf. Beispiel: $\frac{1}{2}$ von 1000 = 500

8 Plättchenwerfen mit 12; 15; 19; 24; 25 oder 36 Plättchen.
Gib den Anteil der roten und blauen Plättchen jeweils mit einem Bruch wieder.

15 Plättchen	**1. Wurf**		**2. Wurf**		**3. Wurf**	
	rot	blau	rot	blau	rot	blau
davon	9	6	13	2		
Anteil	$\frac{9}{15}$	$\frac{6}{15}$	$\frac{13}{15}$	$\frac{2}{15}$		

20 Bruchteile erkennen und darstellen

Durch Falten und Zerschneiden kannst du Bruchteile herstellen.

Blätter falten

1 Indem du die Blätter fortlaufend halbierst, kannst du sie in gleiche Teile zerlegen.

Welche Bruchteile kannst du durch Falten herstellen?

2 Falte zu Achteln. Das ist eine Möglichkeit.

Auf welche Weise kannst du sonst noch Achtel falten?

3 Falte und zerschneide Quadrate, sodass Bruchteile entstehen. Kannst du gleiche Bruchteile auf mehrere Arten darstellen?
Beispiel für $\frac{1}{2}$:

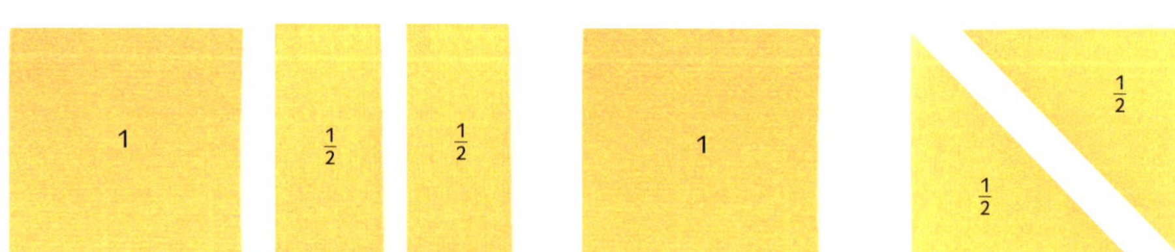

Gleiche Größe
Teile können genau gleich groß sein, auch wenn sie verschieden aussehen.
Manchmal musst du zuerst einen Teil zerschneiden und neu zusammensetzen, damit er genau auf den anderen Teil passt.

4 Kannst du auch aus einem Blatt Drittel oder Fünftel herstellen? Wie steht es mit Sechsteln, Neunteln, Zehnteln, Zwölfteln oder Siebteln?

5 Sind die beiden abgeschnittenen Teile wirklich gleich groß?
Verwende Blätter mit der Größe 24 cm × 12 cm und zeige es anschaulich.

L *Bruchteile falten und schneiden.*
Bruchteile erkennen und darstellen.

Max Bill wurde am 22. Dezember 1908 in der Schweiz geboren. Nach einer Lehre als Silberschmied studierte er am Bauhaus (Hochschule für Gestaltung) in Dessau.
Ab 1929 war Max Bill als Architekt, Maler, Grafiker und Bildhauer in Zürich tätig. Als Künstler erhielt Max Bill viele internationale Auszeichnungen und Preise. Er ist am 9. Dezember 1994 in Berlin gestorben.

Das Bild zeigt Aufteilung und Farbverteilung eines Ausschnitts aus der 14. grafischen Reihe, der Serigrafie III von Max Bill

Max Bill

6 Max Bill spielt in seinem Bild mit Flächen und Farben.
Übertrage das Bild auf kariertes Papier. Max Bill ist vom Rechteck ausgegangen. Erkennst du, wie er das Bild aufgebaut hat? Halte deine Entdeckungen fest.

7

a. Bestimme die Anteile der einzelnen Farben im Bild und bezeichne sie mit einem Bruch.

b. Bestimme die Anteile der einzelnen Formen im Bild und bezeichne sie mit einem Bruch.

8 Stelle wie Max Bill ein Bruch-Bild her. Verfasse einen Text zu deinem Bild. Erkläre, wie du das Bild aufgebaut hast. Gib die Anteile der verschiedenen Formen und Farben mit einem Bruch wieder.

9 Stellt euch gegenseitig eure Bruch-Bilder vor.

Türkis und Pink

10 Wie groß sind die beiden Anteile?

a. 

b. 

c. 

d. 

21 Bruchteile der Kreisfläche

Kannst du eine Pizza in vier gleiche Teile teilen? Kannst du eine Torte in sechzehn gleiche Teile teilen?

Erinnerst du dich noch?

In der Grundschule hast du vielleicht Zahlen und Rechnungen mit Wendeplättchen am Zwanzigerfeld dargestellt.

9 + 5 = 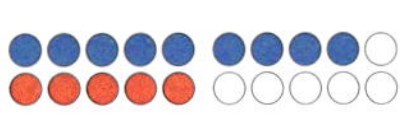

Später hast du mit dem Hunderterfeld und dem Tausenderbuch gearbeitet.
Wenn du jetzt Rechnungen wie 38 + 47 oder 123 − 56 ausführst, kannst du diese sicher im Kopf lösen.
Du hast innere Bilder von Zahlen und Rechnungen entwickelt.
In der Zwischenzeit bist du anderen Zahlen begegnet:
$\frac{1}{2}$ $\frac{1}{3}$ $\frac{3}{4}$ $\frac{2}{3}$ $\frac{2}{5}$ $\frac{1}{10}$ $\frac{1}{100}$.
Brüche lassen sich ebenfalls bildlich darstellen.

Bruchteile mit der Zeichenuhr herstellen

Fertige mit der Zeichenuhr Modelle aus Karton an.
Folgende Bruchteile kannst du mithilfe der Minuteneinteilung auf der Zeichenuhr herstellen: $\frac{1}{2}$ $\frac{1}{3}$ $\frac{1}{4}$ $\frac{1}{5}$ $\frac{1}{6}$ $\frac{1}{8}$ $\frac{1}{10}$ $\frac{1}{12}$

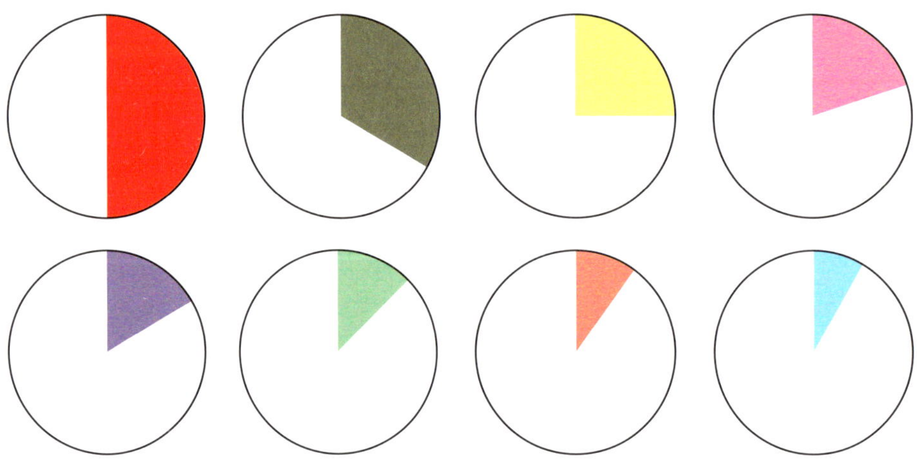

1 Wähle einen Bruchteil, zum Beispiel $\frac{1}{2}$. Nimm andere Bruchteile und setze sie zu $\frac{1}{2}$ zusammen. Findest du verschiedene Möglichkeiten? Beschreibe sie.
Wähle weitere Bruchteile und versuche, sie aus anderen Bruchteilen zusammenzusetzen.

2 Nimm zwei Bruchteile und lege damit einen neuen Bruch. Beschreibe ihn:
„Ein Halbes und ein Viertel sind gleich groß wie drei Viertel."

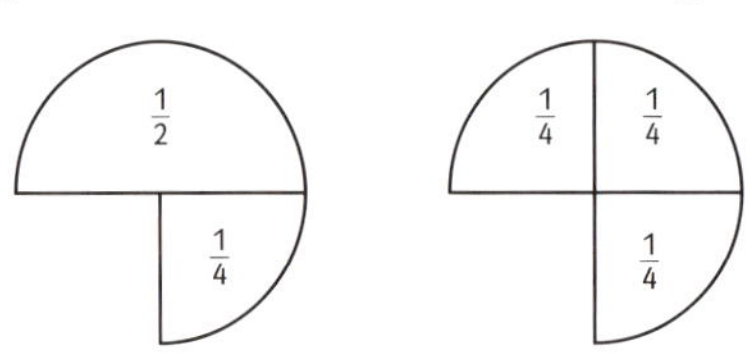

L *Bruchteile mit der Zeichenuhr herstellen.*
Bruchteile zusammensetzen und die Ergebnisse beschreiben.

3 Füge Bruchteile zu einem Ganzen zusammen. Zeichne die Tabelle in dein Heft, füge Zeilen hinzu und notiere deine Ergebnisse.

Halbe	Drittel	Viertel	Fünftel	Sechstel	Achtel	
2						= 1 Ganzes
	3					= 1 Ganzes
1		2				= 1 Ganzes
						= 1 Ganzes

4 Lege auf verschiedene Arten 2 Ganze. Suche unterschiedliche Möglichkeiten, 3 Ganze oder 4 Ganze mit Bruchteilen zu legen. Notiere deine Ergebnisse.

5 Stelle zwei verschiedene Brüche mit deinen Bruchteilen dar.

Lege den kleineren Bruchteil auf den größeren.
Fülle die Lücke mit einem oder mehreren Bruchteilen.
Beschreibe deine Beispiele.

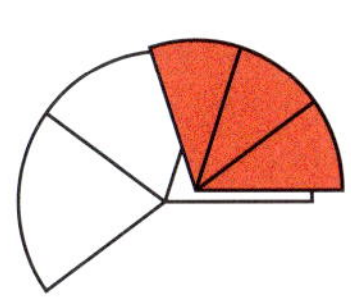

6 Lege mit deinen Bruchteilen zwei verschiedene Brüche.

a. Der Unterschied soll $\frac{1}{2}$ betragen.

b. Der Unterschied soll $\frac{3}{4}$ betragen.

c. Der Unterschied soll $\frac{2}{3}$ betragen.

Halte deine Ergebnisse schriftlich fest.

7 Bilde ein Ganzes; verwende dazu genau 6 Bruchteile. Welche Möglichkeiten findest du?

Flächen

Welche Fläche ist größer?

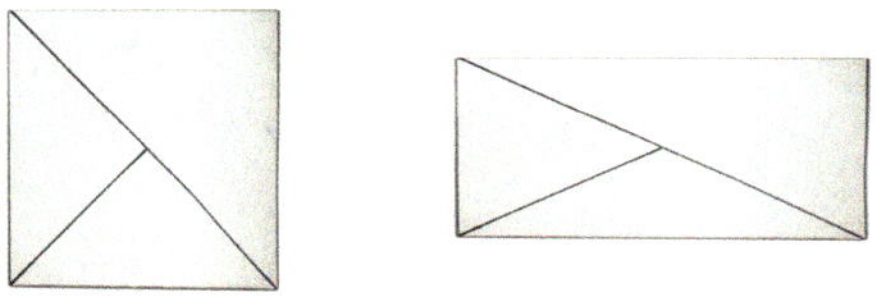

Ein **Dezimeterquadrat** ist eine quadratische Fläche mit Seitenlängen von einem Dezimeter.
Besitzt eine Figur eine Fläche, die gleich groß ist wie die Fläche eines Dezimeterquadrats, so sagt man:
Die Figur hat eine Fläche von **1 dm²**.
Lies: Quadratdezimeter

1 Zeichne ein Quadrat mit einer Seitenlänge von 1 dm = 10 cm. Zerschneide es in drei Teile, wie in der Abbildung. Versuche mit den Teilen die Figuren zu legen. Alle Figuren haben die Fläche von 1 dm².

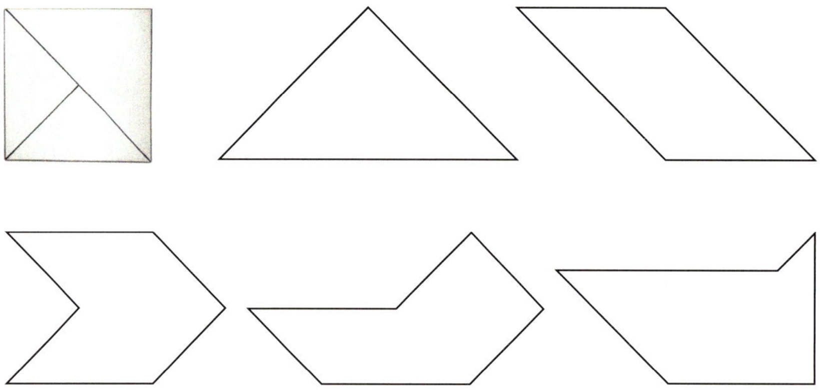

2 Zeichne auf Millimeterpapier ein Dezimeterquadrat, ein Zentimeterquadrat und ein Millimeterquadrat. Wie viele kleine Quadrate passen in ein großes? Begründe.

3 Wie groß sind die Flächen der Figuren (Kopiervorlage)?
Zeichne die Zentimeterquadrate ein und gib die Flächen in cm² und mm² an.

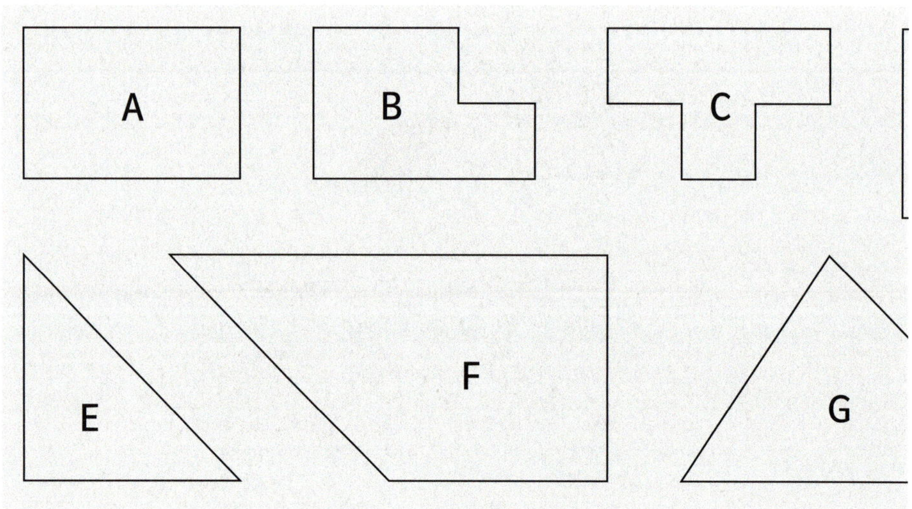

4 Zeichne weitere Figuren und bestimme ihre Flächen in cm² und in mm².

L *Flächen bestimmen. Flächeneinheiten umrechnen.*
Flächen aus Skizzen berechnen. Flächen ungefähr bestimmen.

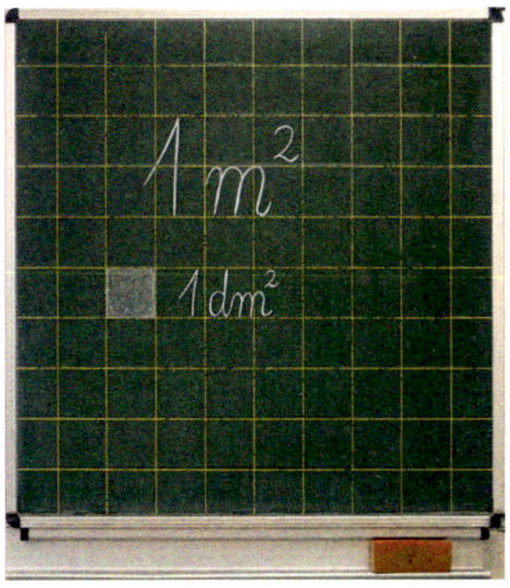

Ein **Meterquadrat** ist eine quadratische Fläche mit den Seitenlängen von einem Meter. Besitzt eine Figur eine Fläche, die gleich groß ist wie die Fläche eines Meterquadrats, so sagt man: Die Figur hat eine Fläche von **1 m²**. Lies: Quadratmeter

5 Hier siehst du einige Skizzen von Flächen mit den angegebenen Seitenlängen. Wie viele m^2 groß sind die Flächen in Wirklichkeit?

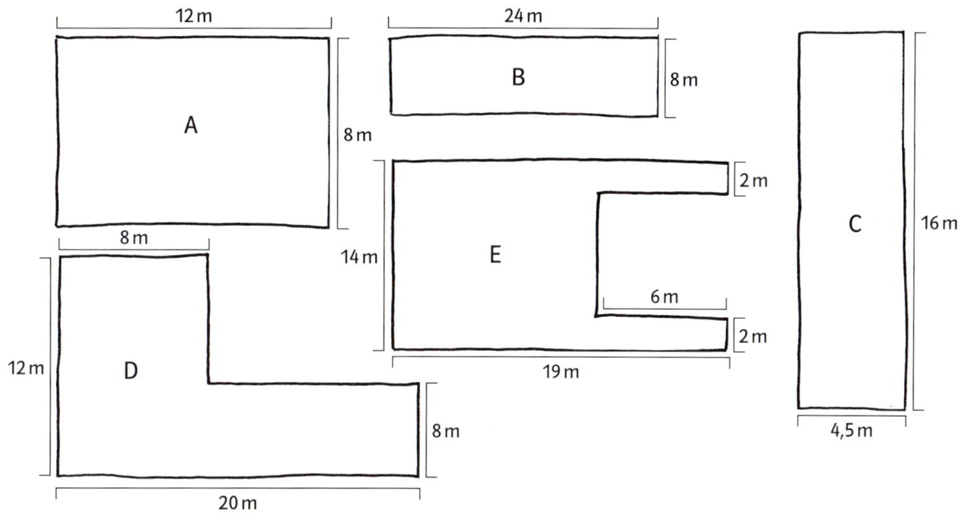

6 Welche Flächenangaben sind gleich?

A $100\,cm^2$	B $10\,cm^2$	C $10^2\,cm^2$	D $(10 \cdot 10)\,cm^2$
E $10^3\,mm^2$	F $1\,dm^2$	G $1000\,mm^2$	H $0{,}1\,dm^2$

7 Du kannst auch andere Flächen bestimmen. Natürlich geht das nicht mehr so genau.

a. Diese Fläche ist etwa $7\,cm^2$ groß. Wie kommt man darauf?

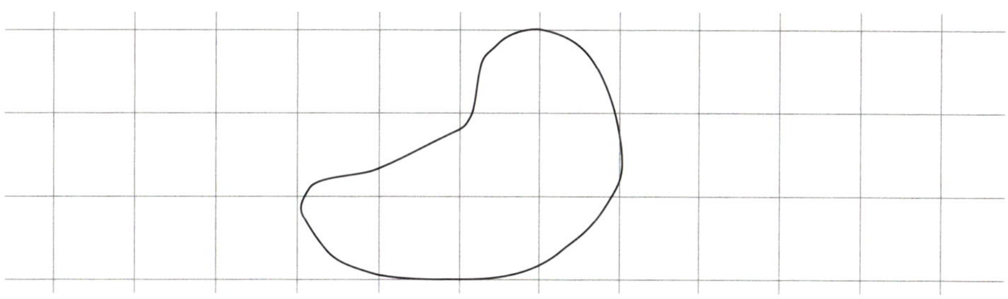

b. Wie groß ungefähr sind die Flächen dieser Figuren (Kopiervorlage)?

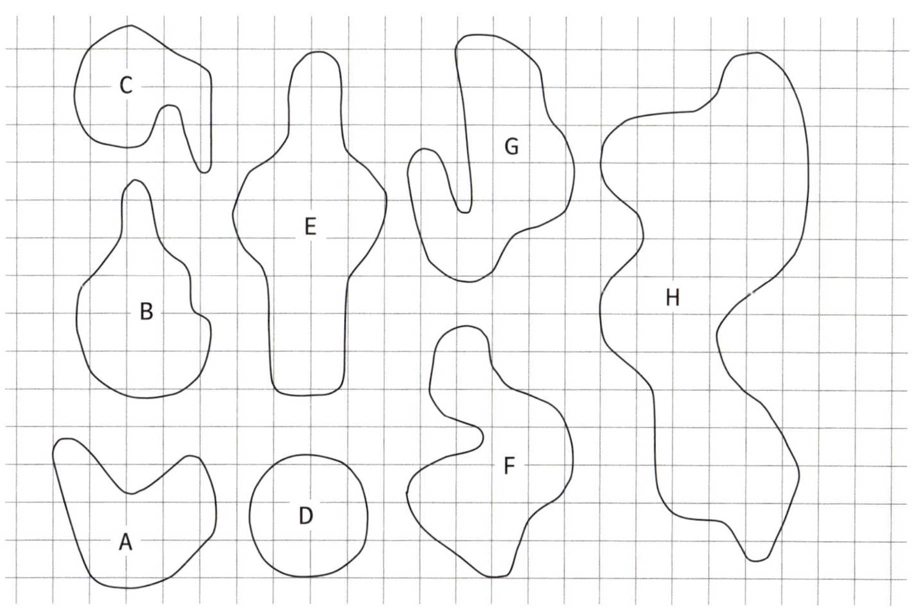

23 Künstler konstruieren

Mithilfe der Geometrie kannst du wahre Kunstwerke konstruieren.

Camille Graeser war ein Schweizer Künstler. Er wurde 1892 in Carouge bei Genf geboren, und ist 1980 in Zürich gestorben. Camille Graeser erlernte in Deutschland den Beruf eines Architekten; später arbeitete er als freier Künstler. In der zweiten Hälfte seines Lebens wohnte er in Zürich. Das Bild rechts entstand 1957/58. Es ist ein typisches Beispiel für geometrische Kunst. Heute befindet es sich im Kunstmuseum Winterthur.

„Äquivalenz an der Horizontalen" (in Wirklichkeit achtmal größer)

1 Schau dir das Bild an und schreibe auf, was dir auffällt. Welche Formen kommen vor? Was vermutest du über die verschiedenen Längen? Was vermutest du über die Größe einzelner Flächen?

2 Miss die einzelnen Längen im Bild. Schreibe deine Beobachtungen in einer Tabelle auf.
Schreibe in dieselbe Tabelle die vermuteten Längen des Originalbildes im Kunstmuseum Winterthur.

3 Der Künstler hat das Bild von innen her aufgebaut. Er hat mit dem kleinsten Quadrat und der Seitenlänge 1 cm begonnen und dann nach außen gezeichnet. Wie groß ist das Bild in Wirklichkeit?

4 Der Künstler hätte seine Idee noch weiterführen können. Er hätte links weitere Rechtecke und rechts weitere Quadrate ansetzen können. Wie hätten sich da die Längen des Bildes weiterentwickelt?

L *Geometrische Konstruktionsregeln erkennen.*
Nach Konstruktionsregeln zeichnen.

Du siehst hier einige Beispiele von angefangenen Kunstwerken:

5 Kannst du Gesetzmäßigkeiten erkennen? Beschreibe sie in Worten.

A

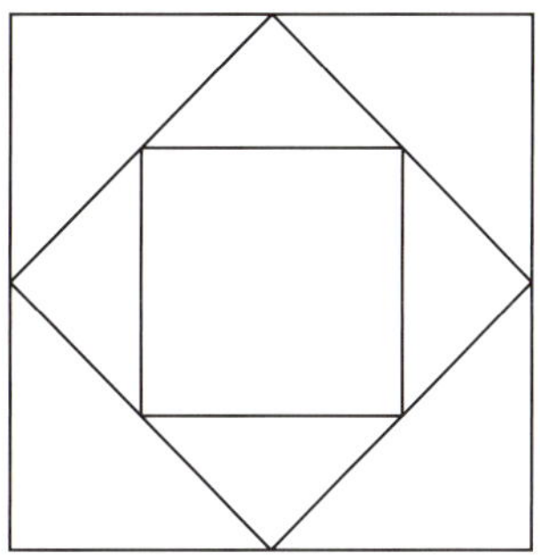

B

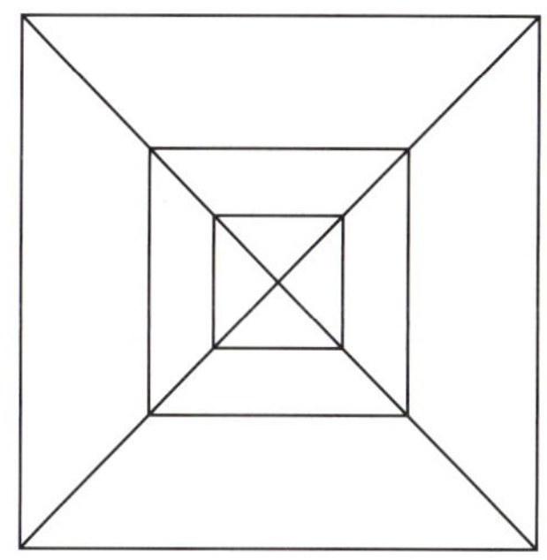

C

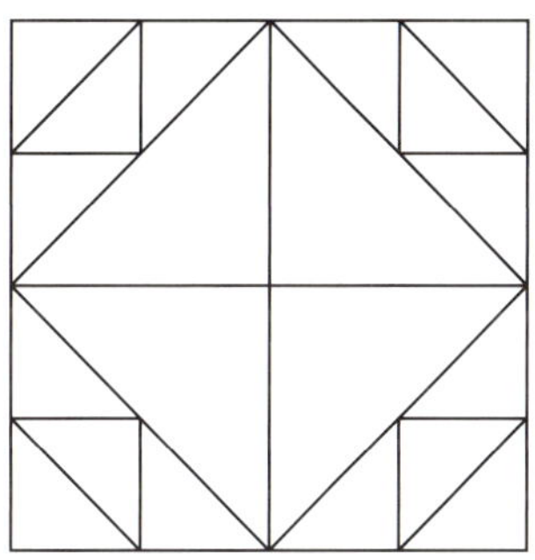

D

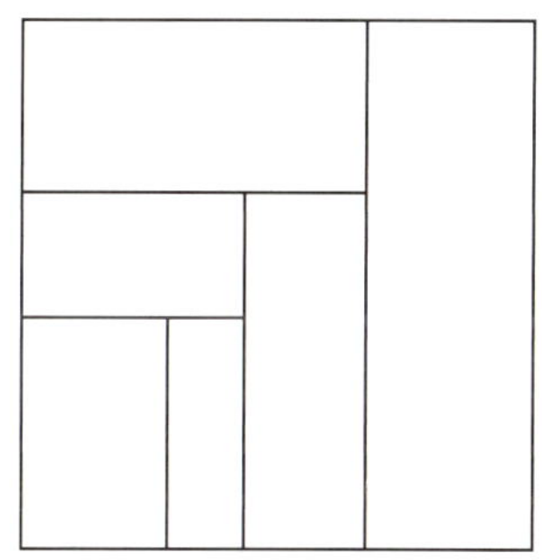

E

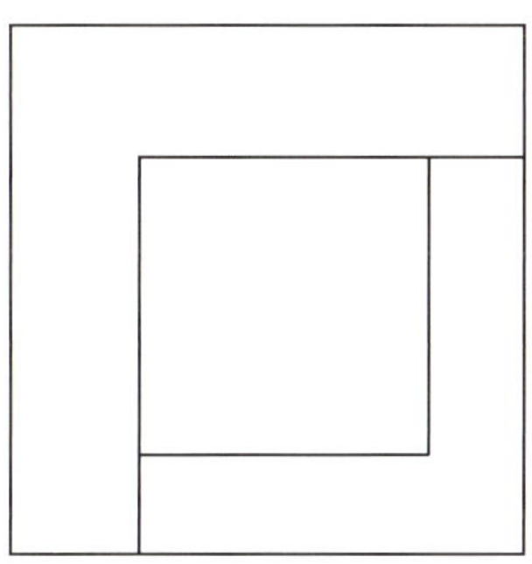

F

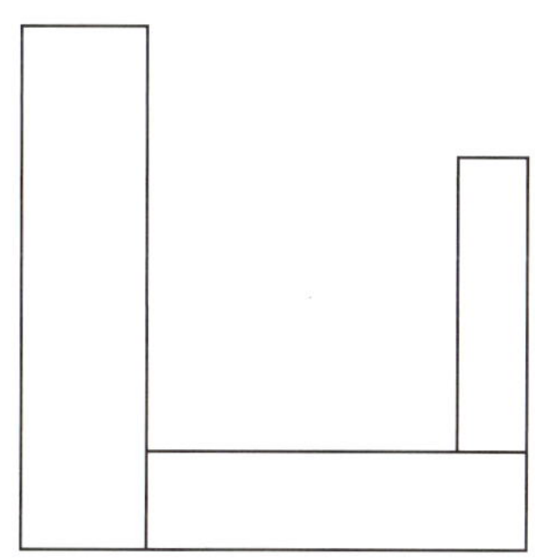

6 Du kannst die angefangenen Kunstwerke selbst zeichnen. Entscheide zuerst, wievielmal größer die Linien in deinem Original sein sollen.

7 Du kannst deine Kunstwerke mit Farben ganz unterschiedlich ausmalen. Versuche mit drei Farben auszukommen. Wechsle die Farben nach einer von dir gewählten Gesetzmäßigkeit.

8 Erfinde Kunstwerke mit eigenen Konstruktionsregeln.

24 Zirkel und Geodreieck

Mit Zirkel und Geodreieck kannst du viele schöne, regelmäßige Muster konstruieren. Besonders gut gelingen die Muster, wenn du einen gespitzten Stift verwendest und ganz exakt arbeitest. Der Umgang mit dem Zirkel braucht etwas Übung. Manchmal glückt es nicht auf Anhieb. Dann probierst du es nochmals.
Versuche eines der folgenden Beispiele zu konstruieren. Die Muster kannst du anschließend mit Farben frei gestalten.

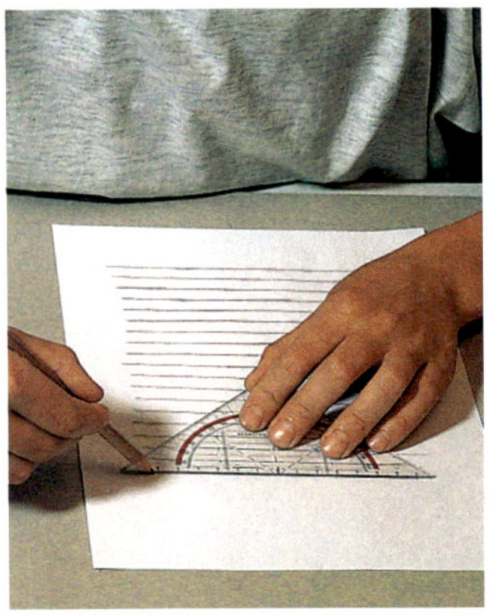

Parallelen zeichnen

Senkrechte zeichnen

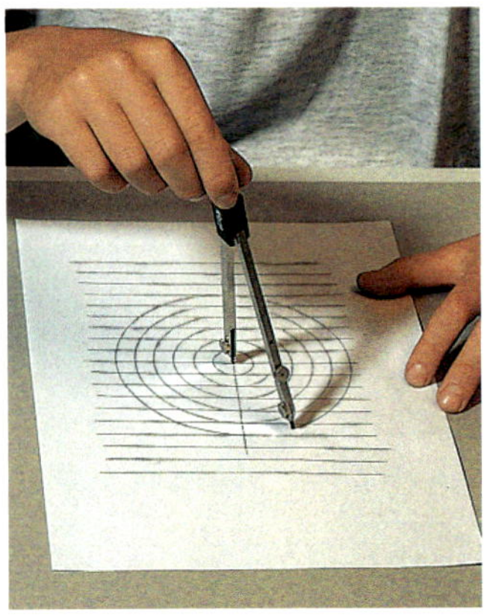

Kreis zeichnen

1 Zeichne mit dem Geodreieck Parallelen im Abstand von 1 cm. Wähle auf einer der mittleren Geraden den Punkt M als Mittelpunkt von Kreisen. Zeichne ganz fein eine Senkrechte zu den Geraden durch den Punkt M. Jetzt kannst du mit dem Zirkel Kreise um den Mittelpunkt ziehen.

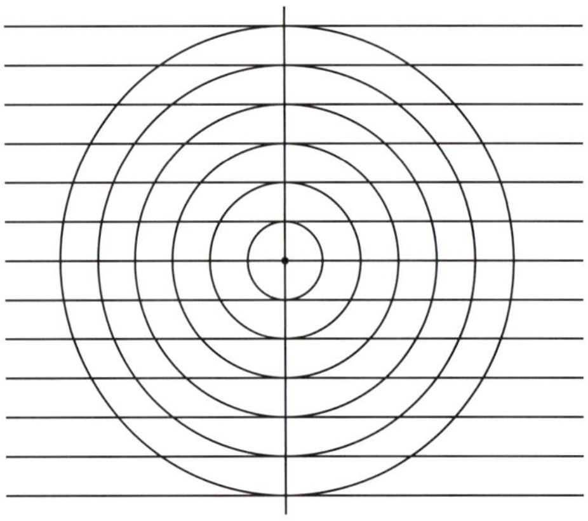

2 Zeichne zwei Punkte im Abstand von 10 cm. Zeichne um jeden Punkt Kreise. Beginne mit einem Radius von 1 cm. Der Radius des nächsten Kreises ist um 1 cm größer usw.

L ***Muster mit Zirkel und Geodreieck zeichnen.***
Muster zeichnen, färben und erfinden.

3 Zeichne zwei senkrechte Geraden. Trage auf allen vier Seiten Punkte ein, und zwar im Abstand von 1 cm, 2 cm und 4 cm vom Schnittpunkt aus. Zeichne Kreise um diese Punkte. Sie sollen durch den Schnittpunkt gehen.

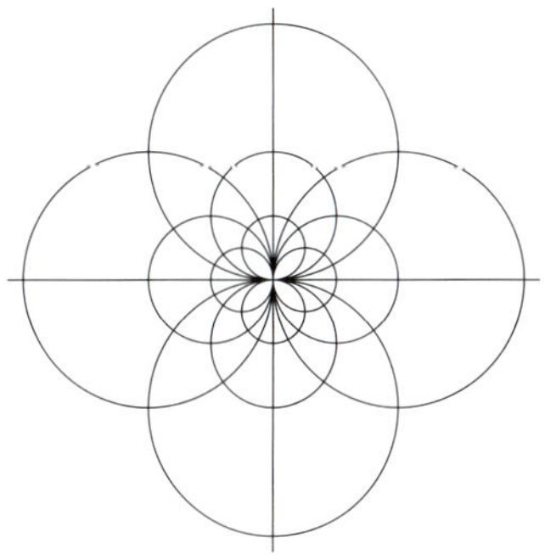

4 Zeichne einen Kreis. Markiere auf der Kreislinie mit der Zeichenuhr zwölf Punkte in regelmäßigen Abständen.

a. Zeichne von jedem Punkt aus einen Kreis. Der Radius ist immer gleich, jedoch kleiner als beim ursprünglichen Kreis.

b. Zeichne von jedem Punkt aus einen Kreis. Der Radius ist immer gleich groß wie beim ursprünglichen Kreis.

c. Zeichne von jedem Punkt aus einen Kreis. Der Radius ist immer gleich, jedoch größer als beim ursprünglichen Kreis.

5 Zeichne mit dem Zirkel einen großen Kreis. Markiere mit der Zeichenuhr in gleichmäßigen Abständen zwölf Punkte auf der Kreislinie. Verbinde gegenüberliegende Punkte. Starte bei einem der zwölf Punkte und zeichne jeweils im Uhrzeigersinn eine Senkrechte auf die nächste Strecke, von dort wieder zur nächsten usw. Die Zeichnung zeigt dir wie.

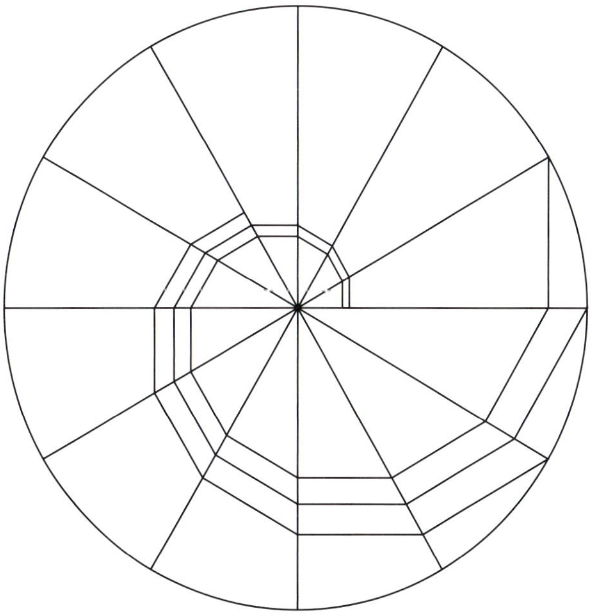

25 Bäume wachsen nicht in den Himmel

Der General-Sherman-Baum ist ein Mammutbaum, der über 80 m hoch und ca. 2500 Jahre alt ist. Weil er gleichzeitig sehr dick ist, gilt er als größtes Lebewesen der Erde. Es gibt aber noch höhere und auch noch dickere Bäume.

1 Wie hoch ist ein Baum? Diese Frage müssen sich Förster stellen.
Ein Förster gibt Auskunft: „Als Hilfsmittel dient mir auf ebenem Boden ein rechtwinkliges Holzdreieck mit zwei gleich langen Seiten (ein Försterdreieck) und ein Messband. Ich halte das Försterdreieck so, dass die eine Seite parallel zum Baumstamm und die andere parallel zum Boden verläuft. Dann gehe ich rückwärts, bis ich in der Verlängerung der langen Seite des Dreiecks den Baumwipfel sehe. Mein Auge ist dabei direkt am Eckpunkt des Dreiecks.
Der Abstand vom Baum, gemessen mit Schrittlängen oder mit dem Messband, entspricht nun der Höhe des Baums. Damit meine Messung noch genauer wird, muss ich noch die Augenhöhe vom Boden aus, d.h. etwas weniger als meine Körpergröße, dazuzählen."

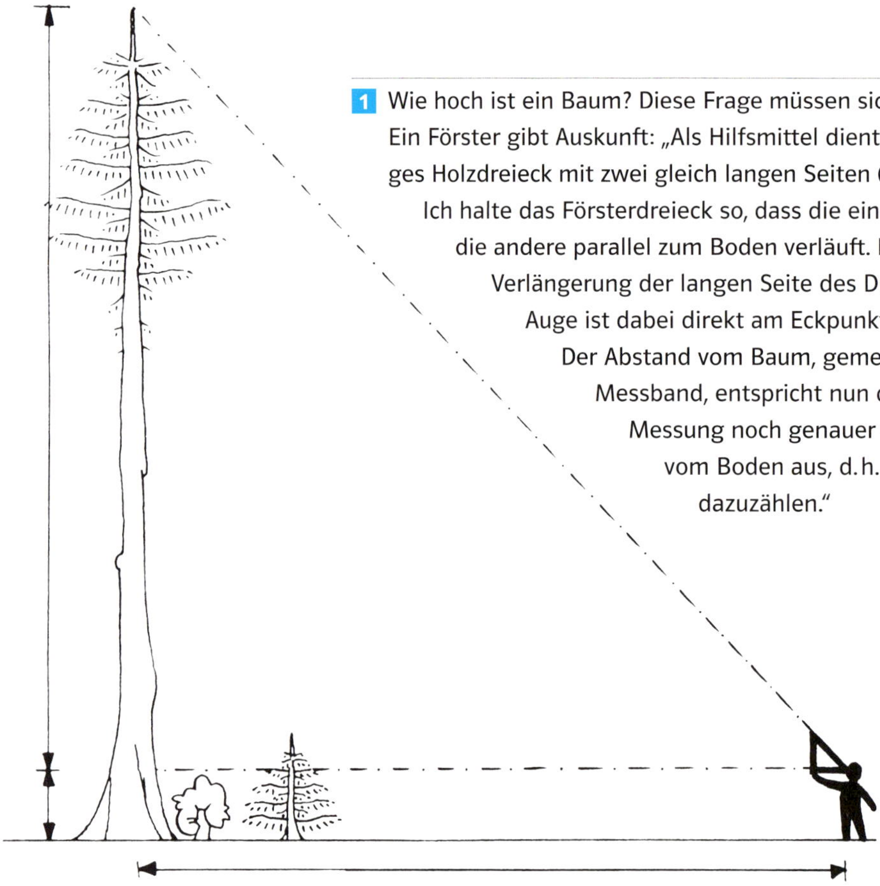

Rundungsregel
Die Ziffer an der Stelle, die gerundet wird, bleibt unverändert, wenn eine der Ziffern 0, 1, 2, 3, 4 folgt.
Dazu sagt man **Abrunden** – wir runden ab; z.B. Baumhöhe 32,3 m ≈ 32 m.

Die Ziffer an der Rundungsstelle wird um 1 erhöht, wenn eine der Ziffern 5, 6, 7, 8, 9 folgt.
Hier spricht man von **Aufrunden** – wir runden auf; z.B. Baumhöhe 32,5 m ≈ 33 m.

a. Miss selbst die Höhe eines Objekts so wie der Förster. Worauf musst du bei der Auswahl deines Dreiecks achten?

b. Alle Kinder messen auf diese Weise auf dem Schulhof das gleiche Objekt, zum Beispiel die Höhe eines Baumes oder die Höhe der Schule.

c. Bildet größere Gruppen und schreibt alle Ergebnisse gerundet der Größe nach auf. Diskutiert, warum es unterschiedliche Messergebnisse gibt.

2 Jetzt sollen die Messergebnisse der Gruppe zusammengefasst werden. Übertragt die Häufigkeitstabelle in euer Heft und tragt die gerundeten Messergebnisse mit ihrer Anzahl in die Tabelle ein.

Höhe in Meter										
Anzahl										

Ein Mittelwert soll das Ergebnis der Höhenbestimmung einer Gruppe sein. Wie kann man die Genauigkeit dieses Ergebnisses noch erhöhen?

3 Der General-Sherman-Baum hat am Boden einen Umfang von etwas über 11 m. Wie viele Kinder mit ausgestreckten Armen müssen einen Kreis bilden, um diesen Umfang nachzubilden?

L *Messen, runden, maßstabsgerecht zeichnen.*
Darstellen, vergleichen, rechnen.

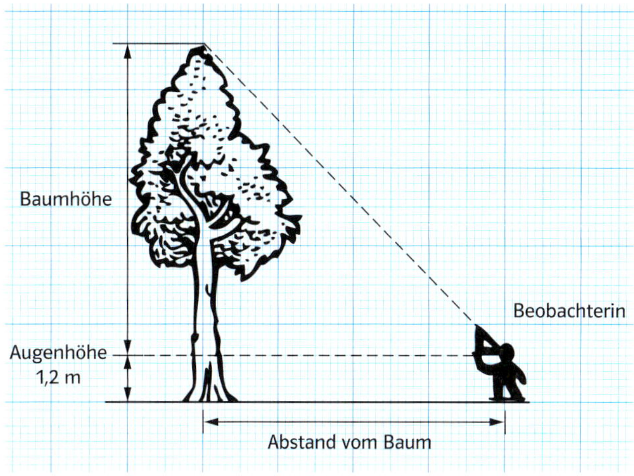

4 Zeichne deine Höhenmessung aus Aufgabe 1 wie im Bild oben auf Millimeterpapier. Weil 1 mm in deiner Zeichnung 20 cm (= 200 mm) in der Natur entspricht, sagt man, diese Darstellung ist im Maßstab 1 : 200.

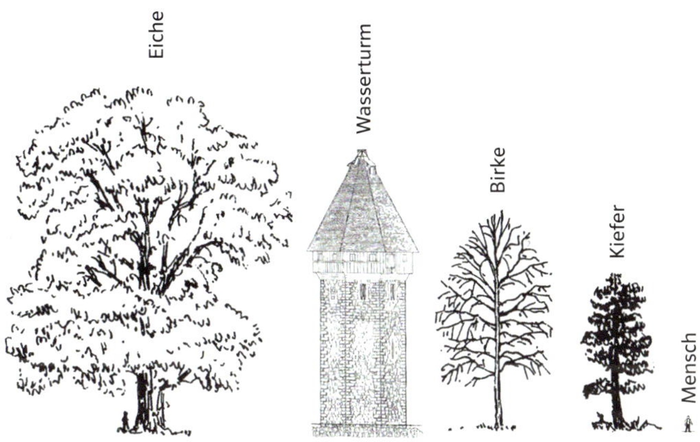

5 Auf dem Bild erkennt ihr, welche Höhe eine Baumart maximal erreicht.

a. Schreibe die Tabelle ab und fülle sie aus.

b. Wie viele Male größer als ein Mensch sind die Bäume?

c. In welchem Maßstab sind die Zeichnungen?

Objekt	Höhe in der Zeichnung	Höhe in der Natur
Mensch		
Kiefer		
Birke		
usw.		

Der Förster misst den Durchmesser.

6 Eine Weißtanne von etwa 33 m Höhe weist am Boden einen Durchmesser von zirka 60 cm und einen Umfang von fast 2 m auf. Der Berliner Fernsehturm ist 365 m hoch und hat am Fuß einen Durchmesser von 32 m.

a. Wie viele Male hat der Durchmesser der Weißtanne in ihrer Höhe Platz? Wie oft passt der Durchmesser des Fernsehturms in seine Höhe? Kommentiere deine Ergebnisse.

b. Wie viele Male passt der Durchmesser in den Umfang der Weißtanne?

c. Der Fernsehturm hat am Fuß einen Umfang von ungefähr 100 m. Wie oft passt der Durchmesser des Fernsehturms in seinen Umfang? Vergleiche.

26 Mit dem Schiff zum Meer

Auf der am stärksten befahrenen Wasserstraße Europas geht es international zu: Fracht aus allen Kontinenten wird auf dem Rhein transportiert.

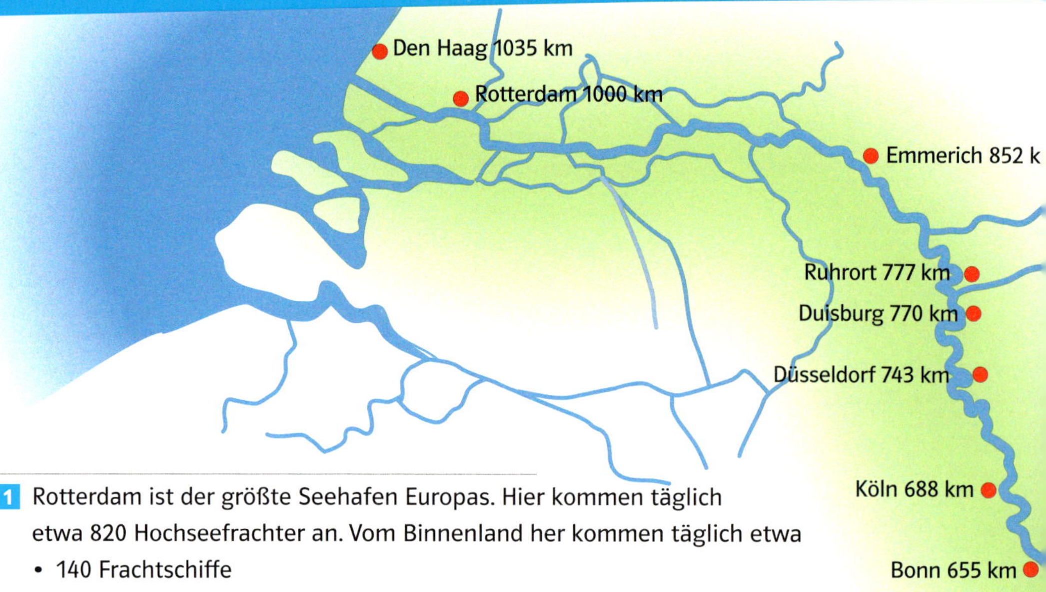

1 Rotterdam ist der größte Seehafen Europas. Hier kommen täglich etwa 820 Hochseefrachter an. Vom Binnenland her kommen täglich etwa

- 140 Frachtschiffe
- 7000 Eisenbahnwaggons
- 9000 Lastwagen an,

um ihre Ladung auf die Hochseefrachter umzuladen oder Waren entgegenzunehmen.

a. Lisa überlegt, wie viele Hochseefrachter pro Woche ankommen können.

b. Tim überlegt, wie viele Wagen bzw. Waggons bzw. Schiffe es insgesamt pro Woche sind.

c. Überlege weiter.

2 Das Motorschiff (MS) Karlsruhe legt in Rotterdam an. An Bord hat es 200 000 Bananenkartons aus Mittelamerika. Ein Karton wiegt 12 kg und enthält durchschnittlich 75 Bananen. Damit es schneller geht, werden die Früchte nicht mit Rheinschiffen, sondern mit der Eisenbahn weiterbefördert. Ein Güterwaggon kann 25 t laden. Was könntest du berechnen? Stelle Aufgaben und lasse sie von deinem Partner oder deiner Partnerin beantworten.

3 Der Rhein ist flussabwärts, von Konstanz bis Rotterdam, kilometriert; die Zahlen in der Zeichnung geben dir Auskunft. Die Zählung beginnt in Konstanz am Bodensee mit dem Kilometer 0. Köln zum Beispiel liegt 688 km von Konstanz entfernt. Die Kilometerzahlen sind auf Tafeln am Ufer vermerkt. Trage auf dem Blatt „Distanztabelle" (Kopiervorlage) die fehlenden Zahlen ein.

4 Bis Rheinfelden ist der Rhein schiffbar. Dies ist für die Stadt Basel besonders wichtig. In einem Jahr treffen über 6 300 000 Tonnen Ware in Basel ein: Nahrungsmittel, Brennstoffe, Erze, Steine, Düngemittel, Fahrzeuge und vieles mehr.

a. Von dieser Ware werden 3 200 000 Tonnen mit Lastwagen weitertransportiert, 3 000 000 Tonnen mit der Eisenbahn. Ein Güterwaggon fasst 25 t und ist 11 m lang; ein Lastwagen mit Anhänger ist durchschnittlich 18 m lang und kann 16 t Waren transportieren.
Berechne die Länge des Güterzuges und der Lastwagenkolonne, wenn alles auf einmal verladen würde.

b. Die Dauer der Fahrt von Rotterdam bis Basel ist vom Wasserstand abhängig. Sie beträgt normalerweise 100 Stunden. Wie viele Tage sind das? Wie weit kommen die Schiffe in einer Stunde?

L *Lesen, überlegen, rechnen.*
Sprache und Mathematik verknüpfen.

5 Eine Maschinenfabrik nahe Basel verkauft Maschinenteile in alle Welt. Je 12 Teile werden in eine Kiste verpackt und zum Containerhafen in Basel gefahren. In einem Container haben 20 Kisten Platz. Das Containerschiff Alpina kann 498 Container aufnehmen und bringt die Fracht nach Rotterdam, wo die Container auf ein Hochseeschiff umgeladen werden.

a. Es kommt eine Bestellung über 1300 Teile aus Brasilien.

b. Herr Zwipp ist Logistiker in dieser Maschinenfabrik. Er nimmt einen Auftrag entgegen: 6 Container sollen ausgeliefert werden.

c. Herr Zwipp notiert: 498 · 20 · 12 = 119 520. Was könnte er berechnet haben?

6 Studiere die Tabelle und stelle Fragen für die Klasse zusammen.

Schiffstyp	Name	Baujahr	Länge	Breite	Tiefgang	Motoren	Besatzung	Passagiere
Ausflugsschiff	MS Godesburg	1994	66,0 m	11,4 m	1,17 m	900 PS	5	400
Kabinenschiff	Swiss Crystal	1995	101,3 m	11,4 m	1,3 m	1500 PS	26	125
Kreuzfahrtschiff	Queen Mary 2	2004	345 m	41 m	10,3 m	157 000 PS	1254	2620

MS Godesburg heißt eines der Ausflugsschiffe auf dem Rhein; es verkehrt von Mainz bis Düsseldorf.

An Bord des Hotelschiffes Swiss Crystal kann man übernachten. 44 Hotelschiffe verkehren unter Schweizer Flagge zwischen Basel und Rotterdam und auf anderen Wasserstraßen.

Auf der „Queen Mary 2" machen die Passagiere Kreuzfahrten auf den Weltmeeren.

7 Zur Gewährleistung der Rheinschifffahrt wurden in Birsfelden Schleusen gebaut. Aus einem Interview mit einem der vier Schleusenwärter: „Wenn vier, fünf Schiffe auf einmal kommen, muss ich die Schleusen einteilen. Bei einer Schleuse überwinden die Schiffe einen Höhenunterschied von zirka zehn Metern. Die alte Schleuse ist 180, die neue 190 Meter lang, beide sind 12 Meter breit. Wichtig ist deshalb vor allem die Länge eines Schiffes. Sie darf maximal 110, die Breite 11,4 Meter betragen."

a. Was denkst du dir bei seiner Aussage?

b. Es kommen zwei kleine Schiffe an:
- Schweiz V (4,8 m breit, 85 m)
- Deutschland III (7 m breit, 95 m)

Skizziere.

27 Staffellauf

Treibst du Sport? Dabei musst du sicher oft Strecken und Zeiten messen.

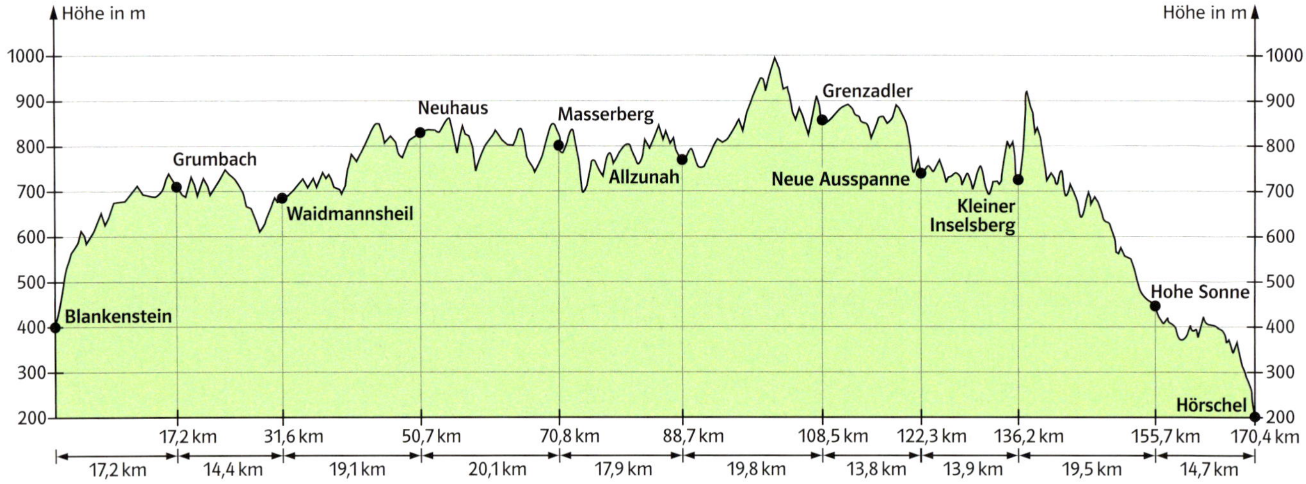

Rennsteig-Staffellauf

1 Der Rennsteig ist der älteste zusammenhängende Höhenwanderweg des Thüringer Waldes. Im Juni 2007 hat dort bereits zum neunten Mal ein ganz besonderes Ereignis stattgefunden: der jährliche Rennsteig-Staffellauf. Die Strecke ist in zehn Etappen unterteilt und führt mit 170,4 km über die Gesamtlänge des Rennsteigs von Blankenstein nach Hörschel. Über 150 Gruppen machten mit.

Läufer	TSV Ostheim	Laufladen Erfurt/Jena	Werratal Runners
1. Läufer	01:03:24	01:00:23	01:11:07
2. Läufer	00:55:58	00:57:32	01:02:34
3. Läufer	01:17:10	01:12:10	01:21:12
4. Läufer	01:16:57	01:11:13	01:30:30
5. Läufer	01:12:17	01:08:55	01:19:10
6. Läufer	01:11:14	01:17:25	01:26:12
7. Läufer	00:52:19	00:51:04	00:59:26
8. Läufer	00:52:38	00:56:25	00:54:52
9. Läufer	01:09:03	01:16:02	01:28:54
10. Läufer	00:56:19	00:56:37	01:03:04

a. In welchem Jahr fand der erste Rennsteig-Staffellauf statt?

b. Der Tabelle kannst du die Resultate der drei Mannschaften TSV Ostheim, Laufladen Erfurt/Jena und der Werratal Runners entnehmen. Berechne die Gesamtzeit jeder Mannschaft.

c. Welcher Läufer hat im Vergleich zu den anderen Läufern seines Teams am meisten Zeit gewonnen?

d. Verstehst du das Streckenprofil? Welcher Läufer muss die längste Strecke, welcher die kürzeste Strecke laufen?

e. Jonas läuft nicht gerne bergauf bergab. Welchen Streckenabschnitt sollte er laufen? Begründe deine Entscheidung.

f. Entnimm dem Streckenprofil einige Angaben und schreibe einen Kurzbericht über den Verlauf der Staffel. Sind die Strecken alle gleich anspruchsvoll?

L *Zeiten berechnen und Streckenprofil lesen.*
Strecken und Zeiten berechnen.

Kurs I: Mittelstreckenläufer

1. Läufer, Start – A	210 m
2. Läufer, A – C	310 m
3. Läufer, C – C über A und B	560 m
4. Läufer, C – A	250 m
5. Läufer, A – B über C und A	720 m
6. Läufer, B – Ziel	210 m

Kurs II: Sprinter

1. Läufer, Start – B	370 m
2. Läufer, B – C	150 m
3. Läufer, C – A	250 m
4. Läufer, A – C	310 m
5. Läufer, C – B	410 m
6. Läufer, B – Ziel	210 m

Kurs III: Klasse 9 bis 12

1. Läufer, Start – A	210 m
2. Läufer, A – C	310 m
3. Läufer, C – A	250 m
4. Läufer, A – B	160 m
5. Läufer, B – Ziel	210 m

Kurs IV: Klasse 5 bis 8

1. Läufer, Start – A	210 m
2. Läufer, A – B	160 m
3. Läufer, B – C	150 m
4. Läufer, C – D	220 m
5. Läufer, D – Ziel	150 m

Schulsportfest

2 Henrike, Jonas und Fabian planen das Schulsportfest. Der Höhepunkt dieses Tages sind die am Ende stattfindenden Staffelläufe. Jede Klasse meldet zwei Teams, die aus 5 oder 6 Läuferinnen oder Läufern bestehen. Gelaufen wird aber nicht auf dem Sportplatz, sondern als besonderes Ereignis quer durch die Altstadt. Für die verschiedenen Altersstufen und Fähigkeiten (Sprinter, Mittelstreckenläufer) stehen verschiedene Kurse zur Verfügung.

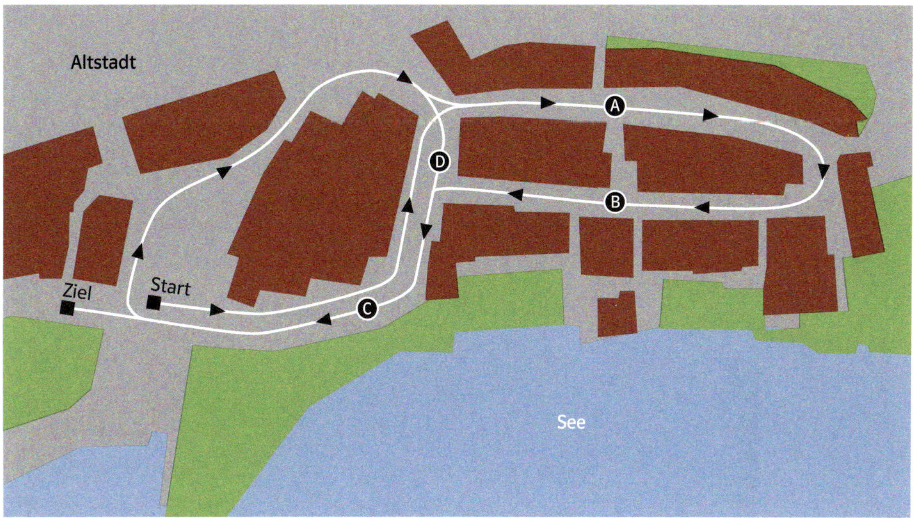

a. Zeichne in dein Heft für jede der vier Kategorien (Laufkurse I–IV) auf, wer welche Teilstrecken zurücklegt. Benutze dabei 5 oder 6 Farben, also für jeden Läufer und jede Läuferin innerhalb einer Kategorie eine andere.

b. Die Wettkämpferinnen und Wettkämpfer möchten wissen, wie lang die Gesamtstrecken in den einzelnen Kategorien sind.

c. Finde heraus, wie viele Meter zwischen jedem Übergabeposten liegen: Start – A, A – B, B – C, C – A, C – Ziel, C – D, D – C.

Staffel-Weltrekorde

	Damen			Herren		
100 m	Florence Griffith † USA	Seoul 1988	10,49 s	Asafa Powell Jamaika	Rieti 2007	9,74 s
4 × 100-m-Staffel	DDR	Canberra 1985	41,37 s	USA	Barcelona 1992	37,40 s
400 m	Marita Koch DDR	Canberra 1985	47,60 s	Michael Johnson USA	Sevilla 1999	43,18 s
4 × 400-m-Staffel	Sowjetunion	Seoul 1988	3:15,17 min	USA	New York 1998	2:54,20 min

3 Aus der Tabelle sind die schnellsten Staffeln und die schnellsten Sprinter der Welt ersichtlich (Stand 2007).

a. Wie viele Sekunden benötigen die Läufer und Läuferinnen der beiden Staffeln im Schnitt für 100 m bzw. für 400 m?

b. Vergleiche die Ergebnisse mit den Zeiten in den Einzelwettkämpfen. Kannst du die Abweichungen erklären?

c. Stellt andere Aufgaben zusammen und löst sie.

28 Kriminalpolizei

Hast du schon mal einen Unfall beobachtet? Kannst du dir vorstellen, wie die Polizei einem Flüchtigen auf die Spur kommen könnte?

Das Feuer brach gegen 23:25 Uhr an einem Fahrzeug aus. Bei dem Brand wurden acht Autos beschädigt.

Wieder Unfall mit Fahrerflucht

Stuttgart. Gestern Nachmittag, kurz vor 16 Uhr, wurde an der Gartenstraße auf der Höhe der Bachstraße eine Fahrradfahrerin von einem Auto angefahren. Der Autofahrer fuhr weiter, ohne sich um die Verletzte zu kümmern. Das Opfer wurde ins Krankenhaus gebracht. Die Polizei sucht dringend Zeugen des Unfalls.

Edith und Pascal waren einmal Zeugen eines Unfalls. Sie haben erlebt, wie die Polizei verschiedene Informationen wie Mosaiksteinchen zu einem Gesamtbild zusammenfügte. Jeder noch so kleine Hinweis, etwas Mathematik und manchmal auch ein wenig Glück können zur Lösung des Falles beitragen.

1 Edith erinnert sich an die Farbe des Autos: es war rot. Natürlich gibt es sehr viele rote Autos. Aber immerhin muss die Polizei nur rote, nicht alle Autos überprüfen. Schätze, wie viele von 100 Autos rot sind. Du kannst deine Vermutung mit einer Verkehrszählung in deiner Gegend überprüfen. Bereite eine Tabelle vor und führe eine Strichliste über die Farben der nächsten 100 Autos, die du siehst.

rot	blau	grün	schwarz	weiß	grau	andere
𝍸 II	II	IIII	𝍸 𝍸 𝍸 I	II	III	𝍸 𝍸 IIII

2 Pascal hat ein gutes Zahlengedächtnis. Leider konnte er sich die Autonummer nicht merken. Aber er ist sicher, dass sie 4-stellig war und dass nur die Ziffern 1 und 2 vorkamen. Er kann beim besten Willen nicht sagen, ob die Nummer 1122 oder 2122 oder anders lautete.
Pascal schreibt je 4 Kärtchen mit den Ziffern 1 und 2. Er legt mit den Kärtchen alle möglichen 4-stelligen Zahlen und schreibt sie auf. Dann übergibt er seine Liste der Polizei: Wie viele Autos muss die Polizei mit diesem Hinweis noch überprüfen?

3 Mit den Hinweisen von Edith und Pascal kann die Polizei ihre Suche nach dem Auto stark einschränken. Kannst du dir vorstellen, wie viele Autos jetzt noch etwa in Frage kommen?
Die Polizei ist von Ediths und Pascals Beobachtungsgabe beeindruckt. Da fällt Edith ein, dass das Auto genauso aussah wie das Auto ihres Onkels. Das ist ein VW-Bus. Jetzt ist der Fall gelöst!

L *Statistiken erstellen.*
Zahlenkombinationen heraustüfteln.

Ein Kennzeichen beginnt mit ein bis drei Buchstaben, die für eine Stadt oder einen Kreis stehen. Nach den beiden Plaketten folgen ein oder zwei weitere Buchstaben. Am Ende eines Kennzeichens steht immer eine Zahl, die aus ein bis vier Ziffern besteht.

Kennzeichen

4 Im Rahmen der Ferienspiele hatten Esra und Simon die Idee, dass alle Kinder, die an den Ferienspielen teilnehmen, ein Fahrradkennzeichen erhalten. Das Kennzeichen beginnt mit FS für Ferienspiele und es folgt ein Baum oder ein Haus oder eine Katze oder ein Rad. Auch das Kennzeichen der Ferienspiele endet mit einer Zahl. Zunächst wollen sie nur die Zahlen 1 bis 9 benutzen.

a. Male zunächst einige verschiedene Kennzeichen in dein Heft.
b. Esra will alle Kennzeichen aufschreiben. Wie viele Kennzeichen gibt es überhaupt?
c. Denk dir eine Erweiterung dieses Kennzeichens aus und überlege dir, wie viele Kennzeichen es dann gibt.

5 Annatina kann sich an Teile einer Autonummer erinnern. Ihr ist aufgefallen, dass die Nummer von vorn und von hinten gelesen genau gleich war. Sie weiß aber nicht mehr, wie viele Ziffern die Nummer hatte, 3 oder 4.

BI – IB 121 oder BI – IB 3113 oder BI – IB 5225 oder ???

Annatina versucht, alle möglichen Nummern aufzuschreiben. Aber sie gibt bald auf, es sind zu viele. Annatina findet jedoch heraus, wie viele Nummern es sind. Sie überlegt: Bei den 4-stelligen Zahlen kommen als Tausenderziffer die Zahlen 1 bis 9 in Frage. Das sind neun Möglichkeiten. Als Hunderterziffer, ah ja …

a. Wie viele solche 3-stellige Nummern gibt es?
b. Wie viele solche 4-stellige Nummern gibt es?
c. Wie viele gibt es insgesamt?

Zahlenschloss

6 Du hast den 4-stelligen Zahlencode deines Fahrradschlosses vergessen. Du weißt nur noch, dass die Nummer mit einer 1 beginnt, mit einer 0 aufhört und dazwischen die Ziffer 3 vorkommt. Welche Zahlen kommen für das Schloss in Frage? Erfinde weitere solche Probleme und gib sie anderen zum Lösen.

Telefonnummern

7

a. Von einer 5-stelligen Telefonnummer weißt du noch, dass sie mit 25 beginnt und anschließend nur noch die Ziffern 5 und 7 vorkommen. Wie viele solcher Nummern gibt es?
b. Von einer 7-stelligen Nummer weißt du noch, dass sie aus 3 verschiedenen Zahlen der Elferreihe besteht und mit einer 1 beginnt. Die erste Zahl der Telefonnummer wird als 3-stellige Zahl gelesen, die beiden anderen als 2-stellige Zahlen. Wie viele solcher Telefonnummern gibt es?
c. Erfinde weitere solche Probleme und gib sie anderen zum Lösen.

Bruchteile von Größen

Bruchteile von Größen begegnen dir überall: $\frac{1}{4}$ kg Mehl, noch ein halber Kilometer, mindestens $1\frac{1}{2}$ l Wasser am Tag trinken … Wenn du Bruchteile anders darstellst, kannst du sie dir oft besser vorstellen.
Vor rund 200 Jahren wurde der Meter als der 40 000 000. Teil des Erdumfanges festgelegt. Um auch kleinere Längen messen zu können, hat man den Meter weiter unterteilt.

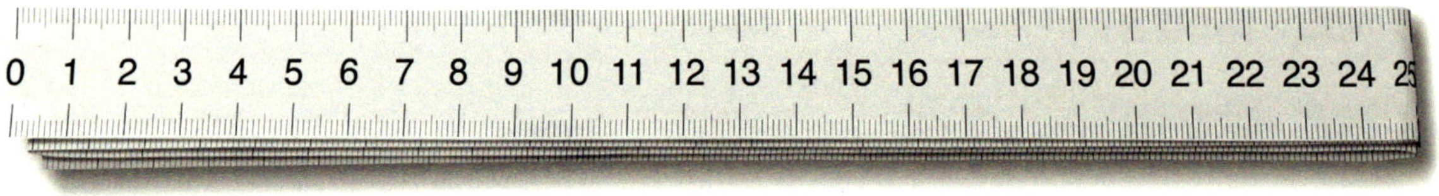

1 m = 10 dm
1 m = 100 cm
1 m = 1000 mm

1 dm = $\frac{1}{10}$ m = 0,1 m
1 cm = $\frac{1}{100}$ m = 0,01 m
1 mm = $\frac{1}{1000}$ m = 0,001 m

Längen

Wie lang ist $\frac{1}{4}$ m?
Christian und Laura bestimmen $\frac{1}{4}$ m auf verschiedene Weise.
Christian hat aus einem Möbelhaus ein 1 m langes Papiermaßband mitgebracht.
Er knickt dies in vier gleich große Teile und liest 25 cm ab.
Laura rechnet: 1 m hat 100 cm. Wenn ich wissen will, wie groß $\frac{1}{4}$ m ist, dann rechne ich 100 cm : 4 = 25 cm.

1 Nutze Christians Methode.
a. $\frac{1}{2}$ m, $\frac{1}{3}$ m, $\frac{1}{8}$ m
b. $\frac{2}{4}$ m, $\frac{3}{8}$ m, $\frac{1}{6}$ m

2 Nutze Lauras Methode.
a. $\frac{1}{5}$ m, $\frac{1}{10}$ m, $\frac{1}{100}$ m
b. $\frac{2}{5}$ m, $\frac{3}{10}$ m, $\frac{10}{100}$ m

20 cm = 0,20 m
= 200 mm
= $\frac{1}{5}$ m
= $\frac{2}{10}$ m
= 2 dm
= …

3 Schreibe ohne Bruch. Entscheide selbst, wie du vorgehen willst.
a. $\frac{2}{3}$ m, $\frac{2}{4}$ m, $\frac{2}{5}$ m
b. $\frac{1}{4}$ m, $\frac{1}{8}$ m, $\frac{1}{16}$ m
c. $\frac{2}{10}$ m, $\frac{4}{10}$ m, $\frac{5}{100}$ m

4 Stelle auf möglichst viele verschiedene Arten dar.
a. 10 cm, $\frac{1}{4}$ m, 0,6 m, 125 mm
b. 500 m, 50 m, 5 m
c. 0,5 m, 0,05 m, 0,005 m

5 Wie lang sind folgende Strecken? Welche kannst du in dein Heft zeichnen?
a. $\frac{1}{3}$ m, $\frac{1}{6}$ m, $\frac{1}{8}$ m, $\frac{1}{9}$ m
b. $\frac{2}{6}$ m, $\frac{3}{6}$ m, $\frac{4}{6}$ m, $\frac{5}{6}$ m

6 Wie lang ist die ganze Strecke? Gib das Ergebnis auf verschiedene Arten an.
a.
$\frac{1}{2}$ km + $\frac{1}{4}$ km =
$\frac{1}{2}$ m + $\frac{1}{4}$ m =
$\frac{1}{2}$ dm + $\frac{1}{4}$ dm =
$\frac{1}{2}$ cm + $\frac{1}{4}$ cm =

b.
$\frac{1}{2}$ m + $\frac{1}{5}$ m + $\frac{1}{10}$ m =
$\frac{1}{4}$ m + $\frac{2}{4}$ m + $\frac{3}{4}$ m =
$\frac{2}{10}$ m + $\frac{4}{10}$ m + $\frac{6}{10}$ m =
$\frac{1}{10}$ m + $\frac{1}{20}$ m + $\frac{1}{25}$ m =

L *Bruchteile von Längen, Gewichten und Rauminhalten bestimmen.*

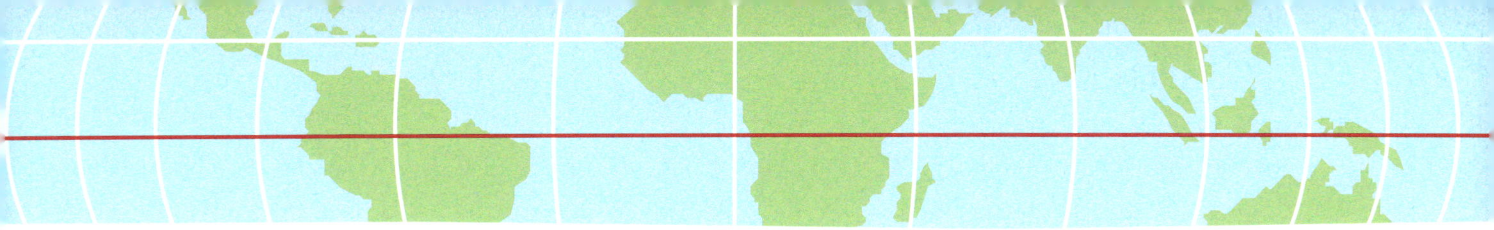

Gewichte

1 kg = 1000 g
1 g = 1000 mg
1 g = $\frac{1}{1000}$ kg = 0,001 kg
1 mg = $\frac{1}{1000}$ g = 0,001 g

7 Mit welchen Gewichtstücken kannst du die angegebenen Mengen wiegen?

a. $\frac{1}{2}$ kg Mehl $\frac{1}{4}$ kg Zucker $\frac{1}{5}$ kg Honig $\frac{1}{8}$ kg Mohn

b. $\frac{1}{10}$ kg Schokolade $\frac{1}{100}$ kg Vanillezucker $\frac{1}{1000}$ kg Gold $\frac{1}{25}$ kg Butter

8 Wie schwer ist die ganze Last?

a.
$\frac{1}{2}$ kg + $\frac{1}{20}$ kg =
$\frac{1}{4}$ kg + $\frac{1}{40}$ kg =
$\frac{1}{5}$ kg + $\frac{1}{50}$ kg =
$\frac{1}{10}$ kg + $\frac{1}{100}$ kg =

b.
$\frac{1}{2}$ t + $\frac{1}{5}$ t + $\frac{1}{10}$ t =
$\frac{2}{10}$ kg + $\frac{4}{10}$ kg + $\frac{6}{10}$ kg =
$\frac{1}{10}$ kg + $\frac{1}{20}$ kg + $\frac{1}{25}$ kg =
$\frac{5}{10}$ kg + $\frac{5}{100}$ kg + $\frac{5}{1000}$ kg =

9 Stelle auf möglichst viele verschiedene Arten dar.

a.
2 g
20 g
200 g

b.
$\frac{1}{8}$ kg
0,6 kg
400 g

Rauminhalte

1 l = 10 dl
1 l = 100 cl
1 l = 1000 ml

1 dl = $\frac{1}{10}$ l = 0,1 l
1 cl = $\frac{1}{100}$ l = 0,01 l
1 ml = $\frac{1}{1000}$ l = 0,001 l

10 Stelle auf möglichst viele verschiedene Arten dar.

a.
2 dl
0,3 l
$\frac{1}{4}$ l

b.
8 ml
8 cl
8 dl

11 Wie viel beträgt die ganze Menge?

a. $\frac{1}{5}$ l + $\frac{1}{10}$ l = $\frac{1}{10}$ l + $\frac{1}{100}$ l = $\frac{1}{10}$ l + $\frac{1}{100}$ hl =

b. 1 l + $\frac{1}{10}$ l + $\frac{1}{100}$ l = 1 l + $\frac{2}{5}$ l + $\frac{3}{10}$ l = 1 l + $\frac{1}{2}$ l + $\frac{3}{5}$ l =

30 Bruchteile legen und zeichnen

$\frac{1}{2} + \frac{1}{4}$; $\frac{1}{3} - \frac{1}{6}$ Probiere es doch aus! Zeichenuhr, Kreis-Bruchteile und Rechtecke helfen dir.

Anna legt die beiden Aufgaben mit ihren Bruchteilen.

$\frac{1}{2} + \frac{1}{4}$

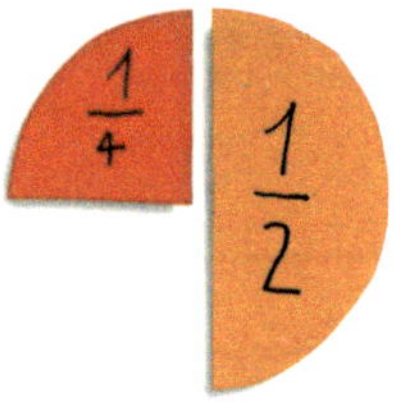

$\frac{3}{4} - \frac{1}{2}$

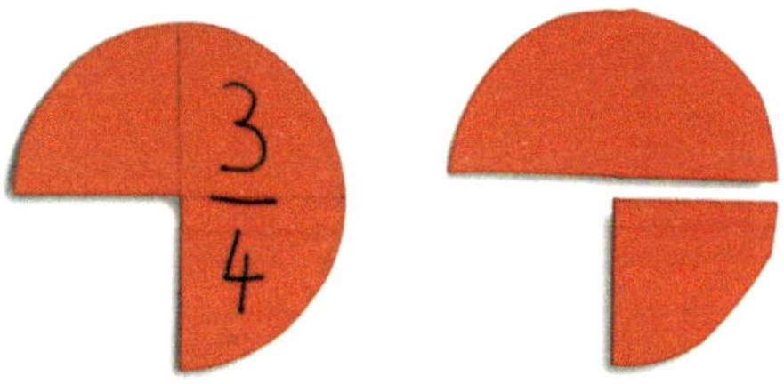

Barbara zeichnet die beiden Aufgaben mit der Zeichenuhr.

$\frac{1}{2} + \frac{1}{4}$

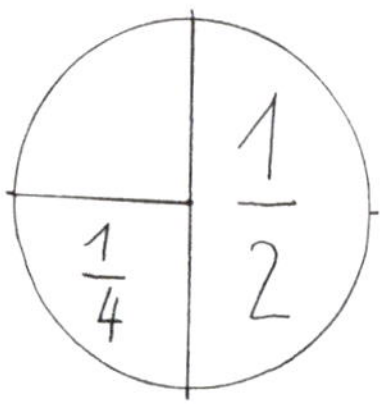

$\frac{3}{4} - \frac{1}{2}$

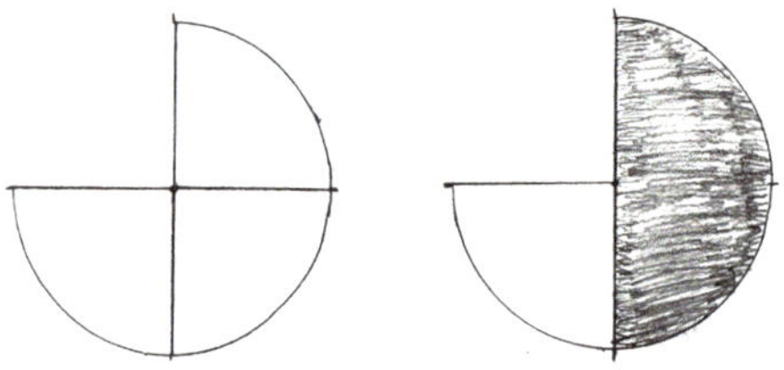

Christian zeichnet die Aufgaben auf kariertes Papier.

$\frac{1}{2} + \frac{1}{4}$

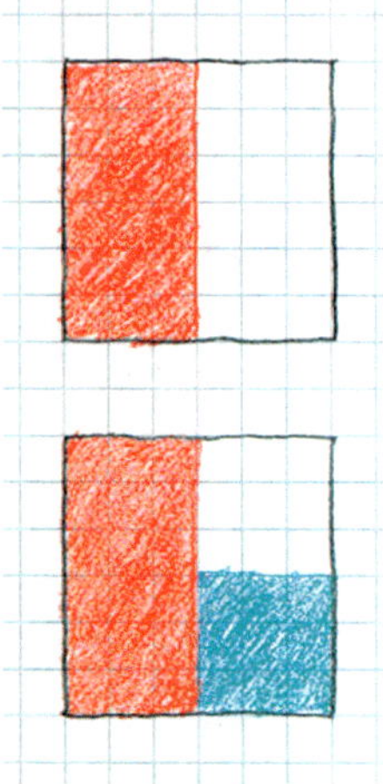

$\frac{3}{4} - \frac{1}{2}$

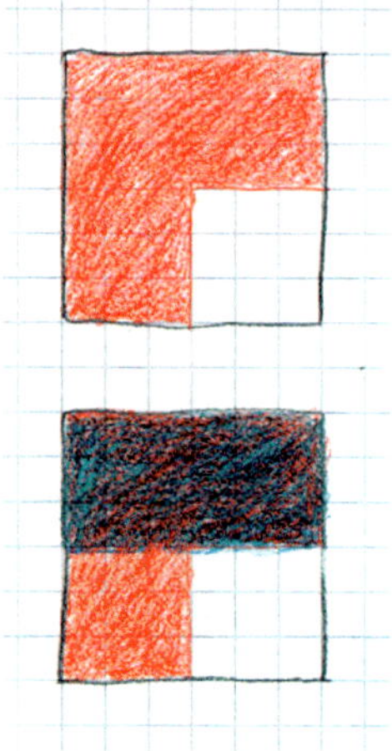

L *Rechnungen mit Bruchteilen legen und zeichnen.*
Rechnungen mit Brüchen durch Legen und Zeichnen darstellen.

1 Arbeite wie Anna.

a. $\frac{1}{4}+\frac{1}{8}$

$\frac{2}{4}+\frac{2}{8}$

$\frac{3}{4}+\frac{3}{8}$

b. $\frac{3}{4}-\frac{1}{8}$

$\frac{3}{4}-\frac{3}{8}$

$\frac{3}{4}-\frac{5}{8}$

c. $\frac{1}{2}+\frac{1}{4}+\frac{1}{8}$

$1-\frac{1}{2}-\frac{1}{4}-\frac{1}{8}$

2 Gehe vor wie Barbara.

a. $\frac{1}{6}+\frac{2}{3}$

$\frac{3}{6}+\frac{2}{3}$

$\frac{5}{6}+\frac{2}{3}$

b. $\frac{5}{6}-\frac{1}{3}$

$\frac{4}{6}-\frac{1}{3}$

$\frac{3}{6}-\frac{1}{3}$

c. $\frac{1}{2}+\frac{1}{3}+\frac{1}{6}$

$1-\frac{1}{2}-\frac{1}{3}-\frac{1}{6}$

3 Mache es wie Christian.

a. $\frac{2}{5}+\frac{1}{10}$

$\frac{1}{2}+\frac{2}{10}$

$\frac{2}{5}+\frac{3}{10}$

b. $\frac{2}{5}-\frac{1}{10}$

$\frac{3}{5}-\frac{3}{10}$

$\frac{4}{5}-\frac{5}{10}$

c. $\frac{1}{2}+\frac{1}{5}+\frac{1}{10}$

$1-\frac{1}{5}-\frac{1}{10}$

4 Welche Aufgabe haben die Kinder gelöst?

a. b. c.

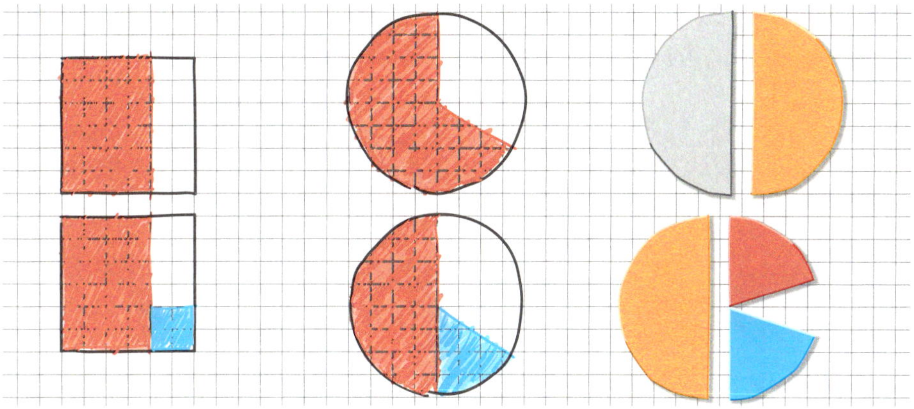

5 Entscheide selbst, wie du vorgehen willst.

a. $\frac{1}{2}+\frac{1}{3}$

$\frac{1}{2}+\frac{1}{5}$

$\frac{1}{2}+\frac{1}{10}$

$\frac{1}{2}+\frac{1}{15}$

b. $\frac{3}{4}-\frac{1}{4}$

$\frac{3}{4}-\frac{1}{6}$

$\frac{3}{4}-\frac{1}{8}$

$\frac{3}{4}-\frac{1}{10}$

c. $\frac{2}{3}+\frac{3}{5}$

$\frac{2}{3}-\frac{3}{5}$

$\frac{2}{3}+\frac{3}{8}$

$\frac{2}{3}-\frac{3}{8}$

d. $\frac{1}{2}+\frac{1}{7}$

$\frac{1}{2}+\frac{1}{8}$

$\frac{1}{2}-\frac{1}{7}$

$\frac{1}{2}-\frac{1}{8}$

e. $\frac{2}{3}-\frac{1}{4}$

$\frac{2}{3}-\frac{2}{4}$

$\frac{2}{3}-\frac{3}{4}$

$\frac{2}{3}-\frac{4}{4}$

f. $\frac{9}{6}-\frac{1}{3}$

$\frac{9}{6}-\frac{2}{3}$

$\frac{9}{6}-\frac{3}{3}$

$\frac{9}{6}-\frac{4}{3}$

6 Erfindet weitere Aufgaben und tauscht sie untereinander aus.

7 Findest du auch hier einen Lösungsweg?

$2\cdot\frac{3}{4}$ $3\cdot\frac{3}{6}$ $4\cdot\frac{3}{8}$

31 Zahlenrätsel

Manche Zahlenrätsel sind wie Zauberei. Mit Säckchen und Kugeln kannst du dem Zauber auf die Spur kommen.

Addition
333 + 77
„Ich **addiere** 333 und 77."
Der Term 333 + 77 heißt **Summe**.

Subtraktion
999 − 123
„Ich **subtrahiere** 123 von 999."
Der Term 999 − 123 heißt **Differenz**.

Multiplikation
6 · 33
„Ich **multipliziere** 6 mit 33."
Der Term 6 · 33 heißt **Produkt**.

Division
169 : 13
„Ich **dividiere** 169 durch 13."
Der Term 169 : 13 heißt **Quotient**.

1 Denke dir eine Zahl. Addiere 3 und verdopple das Ergebnis. Subtrahiere 4. Halbiere das Ergebnis. Subtrahiere schließlich die von dir gedachte Zahl.
Was erhältst du?
Vergleicht eure Ergebnisse in der Klasse. Was stellt ihr fest? Warum ist das so?
Notiere deine Überlegungen.

2 Denke dir eine Zahl. Verstecke eine entsprechende Anzahl Kugeln in einem Sack.
Sage niemandem, wie viele Kugeln im Sack sind.

Denke dir eine Zahl.

Addiere 3.

Verdopple die Summe.

Subtrahiere 4.

Halbiere das Ergebnis.

Subtrahiere deine gedachte Zahl.

Was nun?

3 Denke dir eine Zahl. Vervierfache sie. Addiere 6 zum Produkt. Dividiere das Ergebnis durch 2 und subtrahiere das Doppelte deiner gedachten Zahl. Vergleiche dein Ergebnis mit den Ergebnissen der anderen.

4 Jemand hat sich folgenden Zahlentrick ausgedacht: „Denke dir eine Zahl und addiere 1. Verdreifache das Ergebnis. Subtrahiere die gedachte Zahl vom Produkt. Du erhältst immer 3."

a. Stimmt das immer?
b. Für welchen Fall stimmt es?
c. Ändere die letzte Anweisung, damit die Behauptung immer stimmt.

L *Lösungswege für Rätsel suchen.*
Zahlenrätsel lösen.

5 Ein Zahlentrick mit großen Zahlen: Denke dir eine Zahl. Addiere 15 und multipliziere die Summe mit 4. Subtrahiere 16. Multipliziere die Differenz mit 25. Subtrahiere 500, dividiere durch 100 und subtrahiere anschließend deine gedachte Zahl. Du erhältst immer 6. Begründe.

Hilfe
100 Säckchen oder 1000 Kugeln zu zeichnen ist zu mühsam. Es ist einfacher, 100 ·  und 1000 ·  zu schreiben.

6 Ich denke mir eine Zahl s (s wie Säckchen) und führe damit folgende Zaubereien durch: Ich verdopple s, addiere 1, verdreifache die Summe, subtrahiere das Sechsfache von s.
Wie lautet das Ergebnis? Begründe.

7 Berechne.

a. Bilde den Quotienten aus 55 und 11. Subtrahiere davon 3 und multipliziere schließlich mit 4.

b. Addiere zum siebten Teil von 28 die Hälfte von 8 und multipliziere mit dem Dreifachen von 2.

c. Was erhalte ich, wenn ich von 273 das Produkt von 4 und 8 subtrahiere und dazu den Quotienten aus 56 und 8 addiere?

d. Ich verdopple die Differenz von 55 und 49. Dann multipliziere ich mit der Summe dieser beiden Zahlen.

e. Erfinde ein Rätsel, das als Ergebnis 48 gibt.

8 Denke dir für jede Aufgabe einige Zahlen, setze sie anstelle des Säckchens und rechne aus.
Was stellst du fest? Notiere zu jeder Aufgabe einen oder zwei Sätze.

a.		+	67	+	33	=					
b.		+	27	–		–	12	=			
c.		·	4	–		–		–		=	
d.		+	23	–	12	+	10	–	21	=	
e.		:		+	111	+	38	=			

9 Zur Aufgabe 8 a. lautet das Rätsel: „Ich denke mir eine Zahl, addiere 67 und dann 33. Ich erhalte 120. An welche Zahl habe ich gedacht?"
Wie lautet das Rätsel für die Aufgaben 8 b. bis 8 e.?

10 Denke dir selbst Zahlenrätsel aus, bei denen du immer das gleiche Ergebnis erhältst. Stelle sie deiner Nachbarin bzw. deinem Nachbarn.

32 Versteckte Zahlen

Wenn du den Trick herausgefunden hast, kannst du deine Eltern oder Freunde damit verblüffen, wie schnell du ihre gedachte Zahl erraten kannst.

1 Ich denke mir eine Zahl und

a. addiere 10,
multipliziere sie mit 10,
subtrahiere 10,
dividiere durch 10 und erhalte 10.

b. multipliziere mit 10,
addiere 10,
dividiere durch 10,
subtrahiere 10 und erhalte 10.

c. subtrahiere 10,
multipliziere mit 10,
addiere 10,
dividiere durch 10 und erhalte 10.

d. dividiere durch 10,
subtrahiere 10,
multipliziere mit 10,
addiere 10 und erhalte 10.

e. Man kann die Zahl 10 durch 20; 30; 40, … ersetzen. Teilt euch die Aufgaben sinnvoll auf. Untersucht gemeinsam, welches nun die gedachte Zahl ist. Notiert eure Beobachtungen.

f. Wählt beliebige Zahlen.

Zur Erinnerung
Wenn man das Vierfache einer Zahl verdoppelt, erhält man das Achtfache.
Beispiel:

$10 \xrightarrow{\cdot 4} 40 \xrightarrow{\cdot 2} 80$

$10 \xrightarrow{\cdot 8} 80$

2

a. Ich dividiere eine unbekannte Zahl zuerst durch 5, dann durch 4, dann durch 3 und durch 2 und erhalte 360.

b. Ich multipliziere eine unbekannte Zahl mit 5, dann mit 4, dann mit 3 und mit 2 und erhalte 360.

c. Ich addiere zu einer unbekannten Zahl zuerst 5, dann 4, dann 3 und schließlich 2 und erhalte 360.

d. Ich subtrahiere von einer unbekannten Zahl 5, dann 4, dann 3 und noch 2 und erhalte 360.

e. Wie erhalte ich die gesuchte Zahl mit einer einzigen Rechnung?

3 Erfinde selbst solche Rätsel.

4 Wie lauten die versteckten Zahlen?

a. Das 25-Fache meiner Zahl plus 25 ergibt das Fünffache von 20.

b. Die kleinste ganze, zweistellige Zahl mal 3 und plus 3 ergibt die versteckte Zahl.

c. Wie viel gibt die größte ganze, dreistellige Zahl dividiert durch 3?

d. Der siebte Teil der versteckten Zahl ist um 25 kleiner als 500.

L *Versteckte Zahlen herausfinden.*
Zahlen einsetzen, damit Rechnungen stimmen.

Es falsches Värsli
1 + 1 isch drü
e Walfisch früürt a d Chnü
3 + 3 isch sibe
wo isch der Walfisch blibe?
7 + 1 isch fümf
är chauft sich neui Strümpf.

Nones falsches Värsli
2 + 1 isch vier
e Wildsou trinkt es Bier
4 + 4 isch zäh
si gorpset und seit „bäh!"
10 + 10 isch tuusig
das Gsöff isch würklech gruusig!

Und es richtigs Värsli
1 + 1 isch zwöi
e Lehrer frisst ke Heu
2 + 2 isch vier
e Chue spielt kei Klavier
4 + 4 isch acht
wär zmörgelet, isst nid znacht.

Franz Hohler

Zur Erinnerung

$=$ lies: „gleich"
$12 : 3 = 2 \cdot 8 - 12$
Dies ist eine **Gleichung**.

$\neq$ lies: „nicht gleich"
$3 + 1 \neq 10 : 2$

$<$ lies: „ist kleiner als"
$7 \cdot 3 < 33 - 10$
$<$ nennt man Kleinerzeichen.

$>$ lies: „ist größer als"
$3 \cdot 4 + 2 > 17 - 8$
$>$ nennt man Größerzeichen.

5 Ein Mathe-Gedicht aus der Schweiz.
a. Übersetze das Gedicht ins Hochdeutsche oder in deine Muttersprache.
b. Erfinde selber falsche oder richtige Värsli.
c. Schreibe die Rechnung von Franz Hohler auf und verwende die zutreffenden Zeichen dazu.
z. B. $1 + 1 \neq 3$ oder: $1 + 1 < 3$

6 Für welche Zahlen gelten die folgenden Sätze?
a. Die unbekannte Zahl ist größer als 24 und kleiner als 29.
b. Die Zahl x ist durch 4 teilbar.
c. Die gesuchte Zahl z ist durch 2 und 3 teilbar.
d. Die versteckte Zahl y ist ein Vielfaches von 3.

7 Welche Zahl kann z sein? Finde möglichst viele Möglichkeiten.
a. $z > 27$
b. $17 + z < 63$
c. $4 \cdot z < 25$
d. $36 - z < 29$
e. $6 \cdot z > 55$
f. $18 < z : 2$
g. $24 : z < 5$
h. $1 \cdot z < 1$

8 Welche Zahl kann z in Aufgabe 7a. bis h. nicht sein?

9 Wie können die Zahlen hier heißen?
a. Das Dreifache ist größer als 51.
b. Die Hälfte ist kleiner als 9.
c. Das Vierfache plus 7 ist 79.
d. Der sechste Teil ist größer als 2.

10 Die Zahl a ist kleiner als b. Die Zahl b ist kleiner als c, a ist aber größer als d. e ist die kleinste Zahl.
a. Welche Zahlen sind größer als b?
b. Welche Zahlen sind kleiner als a?
c. Ordne alle Zahlen von a bis e der Größe nach.

33 Klammern und Rechenbäume

Um Zahlen zu verstecken, kannst du sie als Rechnung schreiben. Die Spielregel lautet: Bei jedem neuen Verstecken setzt du eine Klammer.

50	
$(2 \cdot 25)$	Einfach versteckt
$(2 \cdot (20 + 5))$	Doppelt versteckt
$(2 \cdot ((100 - 80) + 5))$	Dreifach versteckt
$(2 \cdot ((100 - (400 : 5)) + 5))$	Vierfach versteckt

1 Du wählst die Zahl 50 und versteckst sie so gut, dass sie niemand mehr findet.
Niemand?
Findest du die Zahl 50 in jeder Zeile wieder?

2 Nimm die Zahl 100 und verstecke sie auf dieselbe Weise.

100	100	100
$(5 \cdot 20)$	$(120 - 20)$	$(60 + 40)$
$(5 \cdot (120 : 6))$	$((55 + 65) - 20)$	…
$(5 \cdot (120 : (10 - 4)))$	…	
…		

3 Wähle für jedes leere Feld der Tabelle eine Zahl und verstecke sie.

Die Zahl ist	weniger als 20	zwischen 21 und 99	größer als 100	größer als 1000
einfach versteckt				
doppelt versteckt				
dreifach versteckt				

a. Gib die so versteckte Zahl zum Herausfinden weiter. Du selbst erhältst versteckte Zahlen von anderen.
b. Wie hast du die versteckten Zahlen gefunden? Schreibe einen kleinen Bericht.

Aufgabe nennen:

Produkt: 1000

passendes Beispiel nennen:

4 mal 250

L *Zahlen in Klammern verstecken.*
Klammerrechnungen auflösen, Rechenbäume in Klammerrechnungen übersetzen.

4 Welche Zahlen verstecken sich hinter diesen Ausdrücken?

a. ((6 + 3) · 6)
b. (3 · (131 − 41))
c. ((2500 : 50) · (100 − 73))
d. ((10 · (999 + 351)) : 2)
e. ((200 · 170) − (1000 : 4))
f. ((400 · 400) + (70 000 : 8))
g. ((1 + 2) · ((21 − 9) : 3))
h. (20 + (20 + (120 : 6)))
i. (10 · (((350 : 7) · 3) : 5))
j. ((1100 − (325 − 75)) + 650)
k. (3 · (1250 + (25 · 50)))
l. ((5 · (3 · (5 · 5))) · (10 · 10))

Welche Beziehung haben die Ergebnisse untereinander?

5 Welche Zahl x hat sich in folgenden Rechenbäumen versteckt?

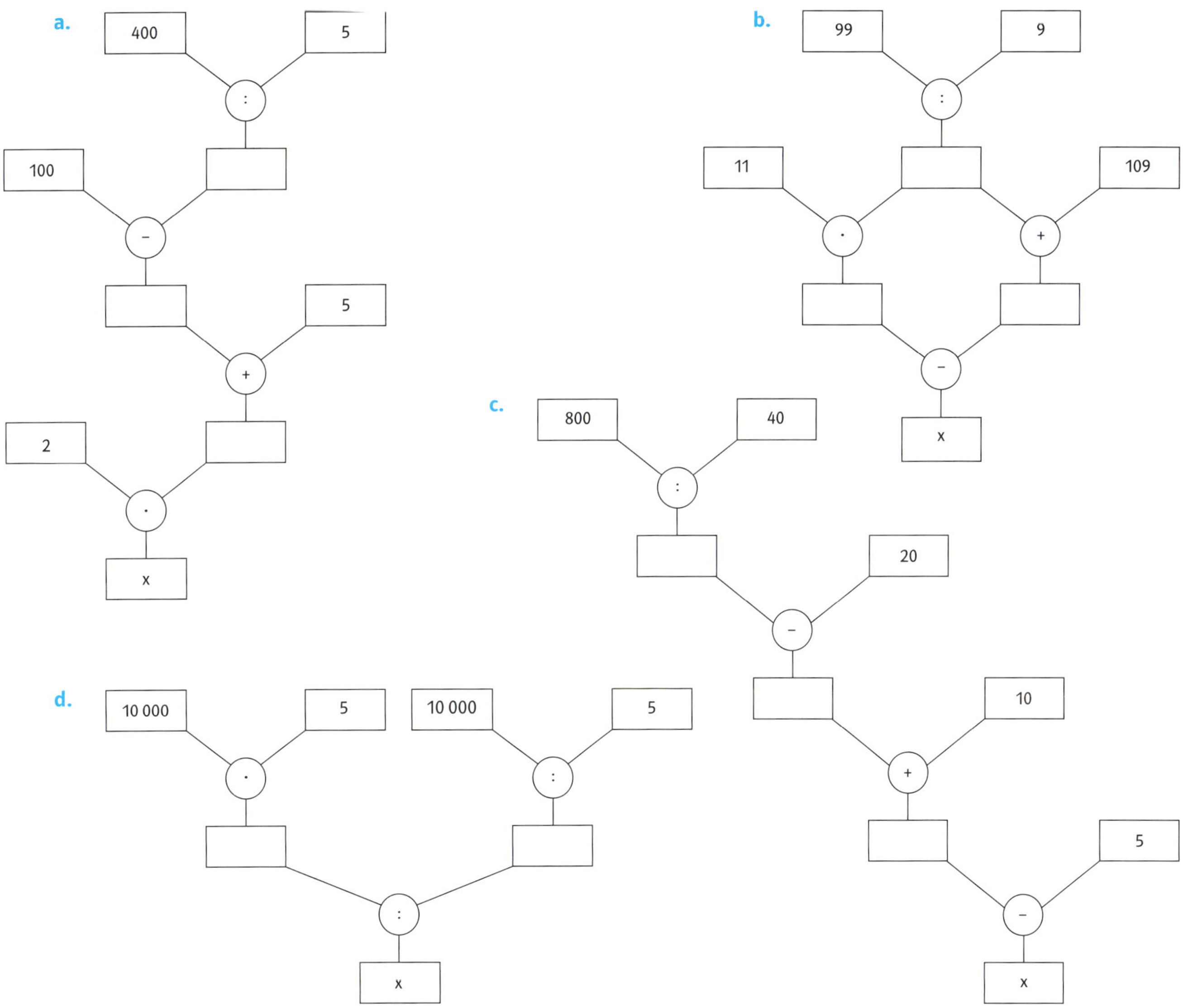

6 Schreibe die Rechenbäume von Aufgabe 5 als Klammeraufgaben.
Die Lösung von 5 a. ist dir bereits bekannt.

7 Zeichne Rechenbäume zu Aufgabe 4.

8 Erfinde selbst Rechenbäume und lasse sie berechnen. Schreibe diese Rechenbäume auch als Klammerrechnung.

34 Dezimalbrüche und Zahlenstrahl

Den Zahlenstrahl kennst du seit der Grundschule. Wo auf dem Zahlenstrahl liegen eigentlich die Kommazahlen? Kommazahlen werden auch Dezimalbrüche genannt.

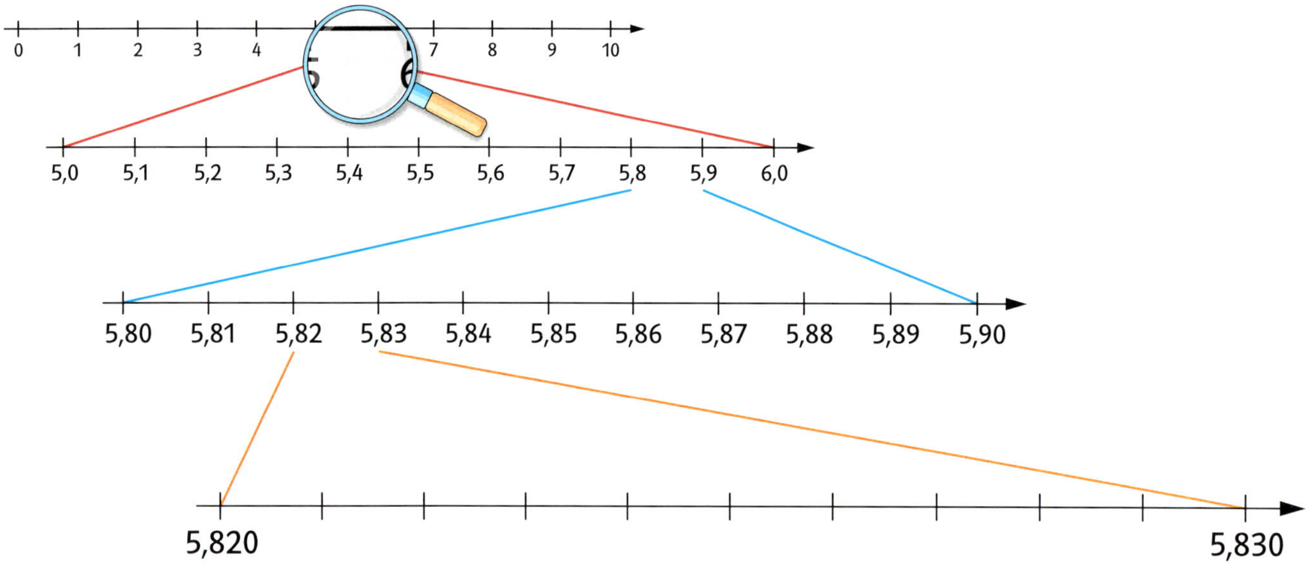

1 Wir nehmen den Zahlenstrahl unter die Lupe.

a. Benenne alle markierten Stellen auf dem unteren Zahlenstrahl.

b. Nimm andere Ausschnitte auf dem Zahlenstrahl unter die Lupe. Zeichne und schreibe in dein Heft.

c. Wähle weitere Ausschnitte, zum Beispiel zwischen 20 und 30 oder zwischen 90 und 100.

Man sagt:
5,80 „Fünf Komma acht null"
5,81 „Fünf Komma acht eins"
5,82 „Fünf Komma acht zwei"
5,83 „Fünf Komma acht drei"

2 Zähle an diesem Zahlenstrahl in Zehntelschritten weiter.

a.

b. Beginne bei 15,8.

c. Beginne bei 99,2.

d. Wähle andere Startzahlen.

3 Zähle in Hundertstelschritten weiter.

a.

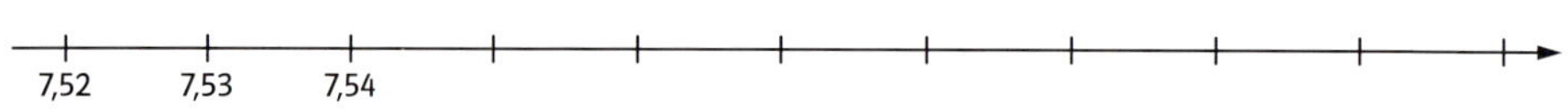

b. Beginne bei 10,67.

c. Beginne bei 19.

d. Wähle andere Startzahlen.

4 Zeichne möglichst groß einen eigenen Zahlenstrahl in dein Heft.

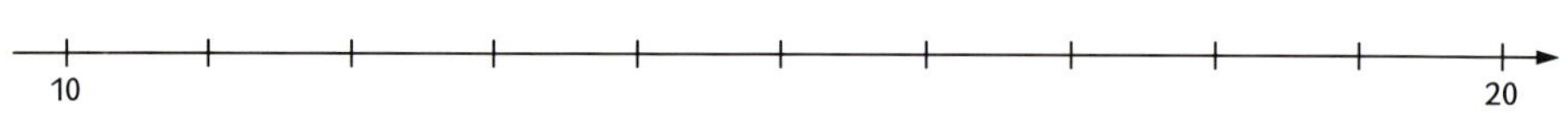

a. Wo liegen diese Zahlen ungefähr: 12,5 12,6 13,7 15,1 17,0 18,7?

b. Und diese: 12,55 16,99 17,02?

c. Erfindet eigene Aufgaben dieser Art und stellt sie euch gegenseitig.

L ***Dezimalbrüche auf dem Zahlenstrahl darstellen.***
Mit Dezimalbrüchen zählen.

5 Zeichne einen Zahlenstrahl in dein Heft und trage unterschiedlich weite Sprünge darauf ein. Wähle verschiedene Farben.

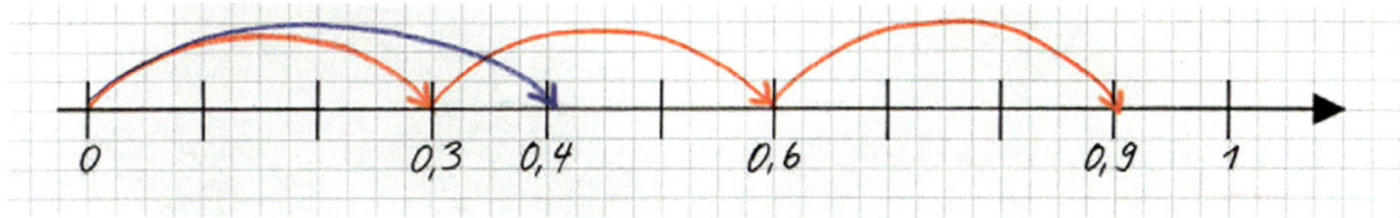

a. Start: 0 Sprungweite: + 0,3
b. Start: 0 Sprungweite: + 0,4
c. Start: 0 Sprungweite: + 1,2
d. Wähle Startzahl und Sprungweite selber.

6 Zähle weiter. Notiere die Zahlen.

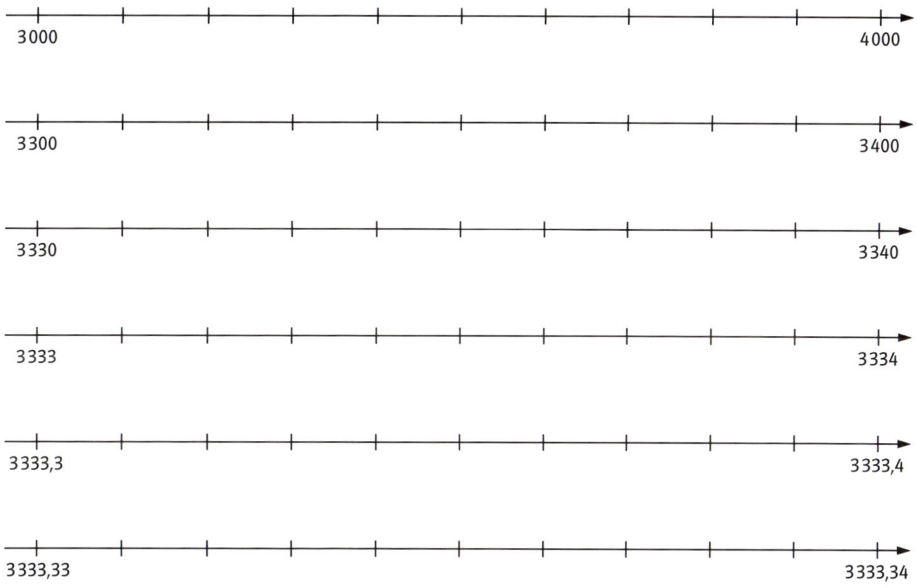

7 Dezimalbrüche und Brüche
Zeichne diesen Zahlenstrahl möglichst groß in dein Heft.

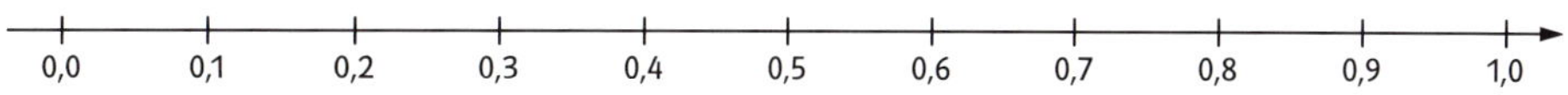

a. Trage die folgenden Brüche auf dem Zahlenstrahl ein.

$\frac{1}{2}$; $\frac{2}{2}$

$\frac{1}{4}$; $\frac{2}{4}$; $\frac{3}{4}$; $\frac{4}{4}$

$\frac{1}{5}$; $\frac{2}{5}$; $\frac{3}{5}$; $\frac{4}{5}$; $\frac{5}{5}$

$\frac{1}{10}$; $\frac{2}{10}$; $\frac{3}{10}$; $\frac{4}{10}$; $\frac{5}{10}$; $\frac{6}{10}$; $\frac{7}{10}$; $\frac{8}{10}$; $\frac{9}{10}$; $\frac{10}{10}$

b. Kannst du weitere Brüche eintragen?

35 Dezimalbrüche und Stellentafel

Die Stellenwerttafel kennst du bereits aus der Grundschule und der Lernumgebung „Natürliche Zahlen“.
Auch bei Dezimalbrüchen kann sie eine Hilfe sein.

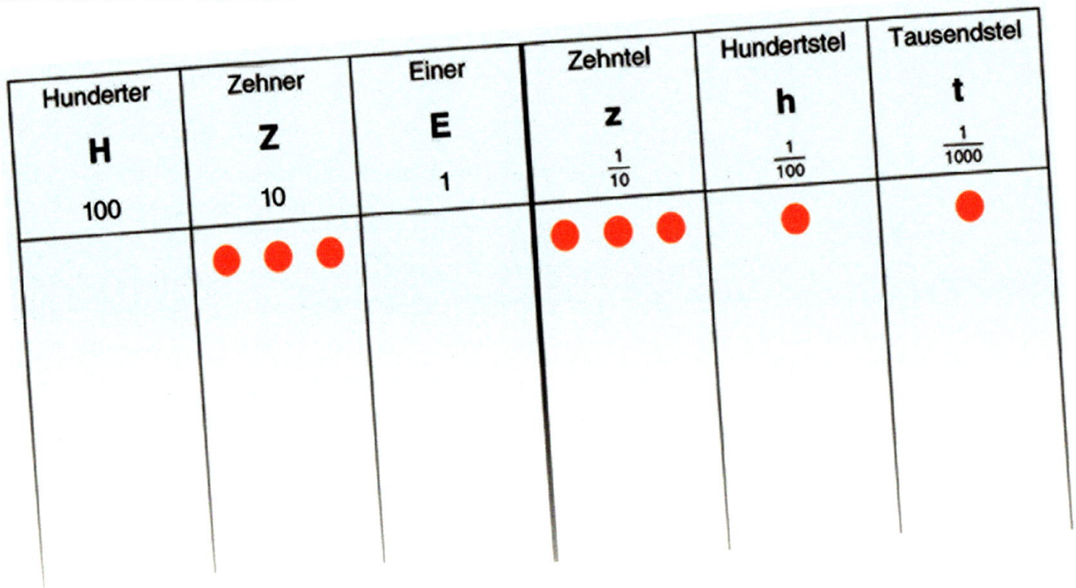

$10 \cdot 10 = 10^2$
$10 \cdot 10 \cdot 10 = 10^3$
$10 \cdot 10 \cdot 10 \cdot 10 = 10^4$
⋮

10^2; 10^3; 10^4... nennt man **Zehnerpotenzen.**

1 Schreibe die Zahlen und lies sie.

a.

T 1000	H 100	Z 10	E 1	z $\frac{1}{10}$	h $\frac{1}{100}$
		●	●●●	●●●●	●●

b.

H 100	Z 10	E 1	z 0,1	h 0,01	t 0,001
●		●●●●	●	●●●	●

c.

M 10^6	HT 10^5	ZT 10^4	T 10^3	H 10^2	Z 10
	●●		●●		●●

d.

T 10^3	H 10^2	Z 10	E 1	z 0,1	h 0,01
	●	●●	●●●	●●●	●●

2 Lege, schreibe in Ziffern und sprich die Zahlen.

T 1000	H 100	Z 10	E 1	z $\frac{1}{10}$	h $\frac{1}{100}$	t $\frac{1}{1000}$	zt $\frac{1}{10\,000}$
		●		●			

a. Welche Zahlen kannst du an der Stellentafel mit zwei Plättchen legen?
b. Welche Zahlen zwischen 1 und 2 kannst du mit 3 Plättchen legen?
c. Suche mindestens zehn Zahlen, die du mit 10 Plättchen legen kannst.
d. Lege die Zahlen 12,1; 12,01; 12,001; 12,0001; 11,2; 110,02; 1100,002.

3 An der Stellentafel aus Aufgabe 2 Plättchen dazulegen, wegnehmen, verschieben.
a. Silvana legt die Zahl 2,3. Thomas legt ein Plättchen dazu. Welche Zahl kann es jetzt sein? Wie viele Möglichkeiten gibt es?
b. Bruno legt die Zahl 12,21. Oliver nimmt ein Plättchen weg. Welche Zahl kann es jetzt sein? Wie viele Möglichkeiten gibt es?
c. Simon legt die Zahl 14,25. Beatrice verschiebt ein Plättchen. Welche Zahl kann es jetzt sein? Wie viele Möglichkeiten gibt es?
d. Berechne die Unterschiede zwischen 14,25 und den neuen Zahlen.

L *Dezimalbrüche an der Stellentafel darstellen.*
Mit Dezimalbrüchen an der Stellentafel rechnen.

4 Plättchen wandern in der Stellentafel.

Lege zum Beispiel mit 3 Plättchen eine Zahl und notiere sie. Verschiebe alle Plättchen nun um eine Stelle nach rechts und notiere die neue Zahl ebenfalls. Berechne den Unterschied zwischen den beiden Zahlen. Mache so weiter. Was fällt dir auf? Erkläre.

a.

H	Z	E	z	h	t
100	10	1	$\frac{1}{10}$	$\frac{1}{100}$	$\frac{1}{1000}$
•	••				

120 −

H	Z	E	z	h	t
100	10	1	$\frac{1}{10}$	$\frac{1}{100}$	$\frac{1}{1000}$
	•	••			

12 = 108

b.

H	Z	E	z	h	t
100	10	1	0,1	0,01	0,001
	•	••			

12 −

H	Z	E	z	h	t
100	10	1	0,1	0,01	0,001
		•	••		

1,2 =

5

a.
25 + 2500
25 + 250
25 + 25
25 + 2,5
25 + 0,25
25 + 0,025

b.
7500 + 7500
750 + 750
75 + 75
7,5 + 7,5
0,75 + 0,75
0,075 + 0,075

c.
100 − 0,1
100 − 0,01
10 − 0,1
10 − 0,01
1 − 0,1
1 − 0,01

6

a.
$7{,}5 \cdot 1000$
$7{,}5 \cdot 100$
$7{,}5 \cdot 10$
$7{,}5 \cdot 1$
$7{,}5 \cdot \frac{1}{10}$
$7{,}5 \cdot \frac{1}{100}$

b.
$0{,}125 \cdot 10^3$
$1{,}25 \cdot 10^2$
$12{,}5 \cdot 10$
$125 \cdot 1$
$1250 \cdot 0{,}1$
$12\,500 \cdot 0{,}01$

c.
8642 : 10
8642 : 100
8642 : 1000
234,5 : 10
234,5 : 100
234,5 : 1000

Beispiel:

$1234 = 1 \cdot T + 2 \cdot H + 3 \cdot Z + 4 \cdot E$
$= 1 \cdot 1000 + 2 \cdot 100 + 3 \cdot 10 + 4 \cdot 1$
$= 1 \cdot 10^3 + 2 \cdot 10^2 + 3 \cdot 10 + 4 \cdot 1$

$12{,}34 = 1 \cdot Z + 2 \cdot E + 3 \cdot z + 4 \cdot h$
$= 1 \cdot 10 + 2 \cdot 1 + 3 \cdot \frac{1}{10} + 4 \cdot \frac{1}{100}$
$= 1 \cdot 10 + 2 \cdot 1 + 3 \cdot 0{,}1 + 4 \cdot 0{,}01$

7 Zerlege Zahlen gemäß den Beispielen auf dem Rand.

a.
2222
222,2
22,22
2,222

b.
9753
975,3
97,53
9,753

c.
1001
100,1
10,01
1,001

8 Ergänze.

a. Immer 10
3,5 + 6,5
6,2 +
4,1 +
5,6 +
4,7 +
5,0 +

b. Immer 10
9,12 + 0,88
8,24 +
7,36 +
6,48 +
5,60 +
4,72 +

c. Immer 1
0,25 + 0,75
0,36 +
0,47 +
0,58 +
0,69 +
0,80 +

36 Körper aus Würfeln

Aus Würfeln kannst du interessante Körper bauen. Entdeckst du den Bauplan?

Hier sind einige aus Würfeln zusammengesetzte Körper.
Körper A beispielsweise besteht aus vier Würfeln.

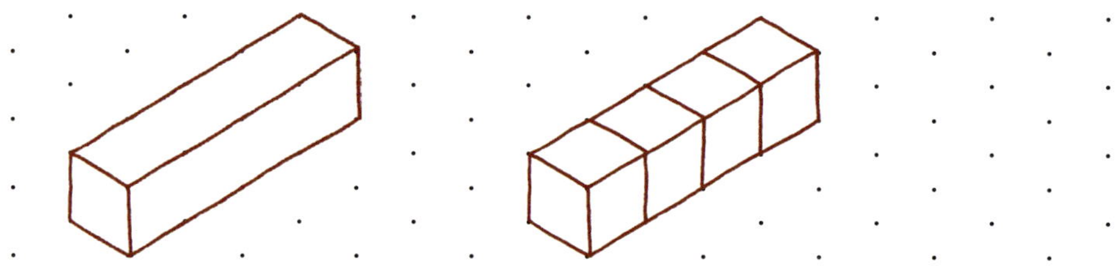

1

a. Baue einige der abgebildeten Körper mit Würfeln nach.

b. Baue selbst einige Körper und zeichne sie auf Punktpapier (Kopiervorlage).

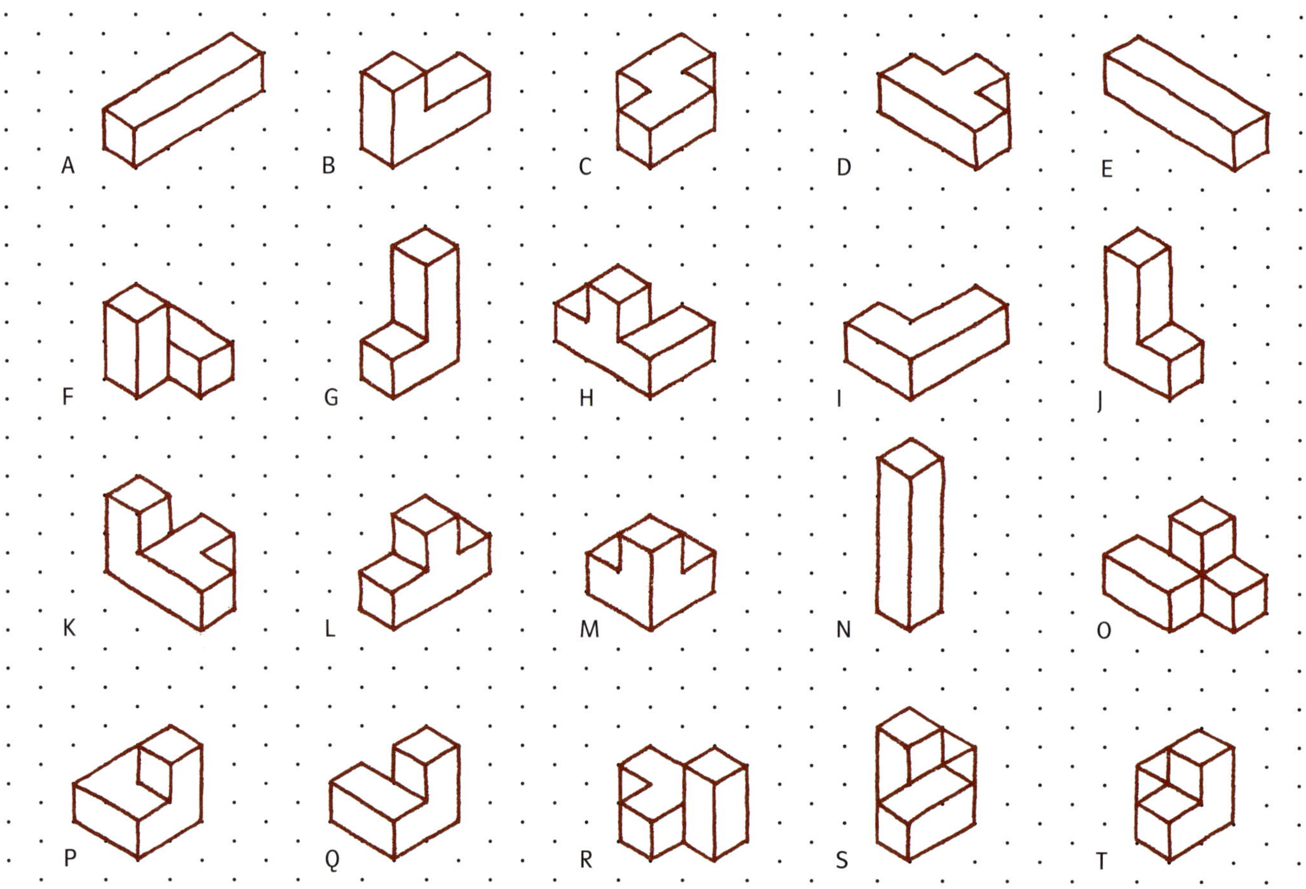

2 Einige dieser Körper sind gleich, aber von einer anderen Seite gezeichnet.
Suche Körper, die gleich sein könnten. Beispiele:
A ist der gleiche Körper wie die Körper E oder N.
M könnte der gleiche Körper sein wie T.
M könnte aber auch der gleiche Körper sein wie P.

L *Körper aus Würfeln bauen und vergleichen.*
Körper nachbauen und auf Punktpapier (Kopiervorlage) zeichnen.

3 Wähle einen Körper aus und baue ihn nach.

a. Zeichne ihn so auf Punktpapier, wie er von hinten aussieht.

b. Zeichne ihn so auf Punktpapier, wie er von rechts aussieht.

c. Zeichne ihn so auf Punktpapier, wie er von links aussieht.

4 Alle unten abgebildeten Körper kannst du mit den Körpern B und C aus Aufgabe 1 bauen.

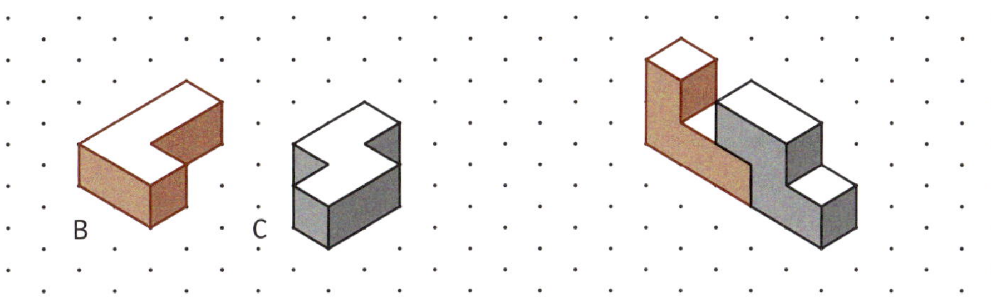

Baue die Körper nach, zeichne einige davon auf Punktpapier und male Körper C an.

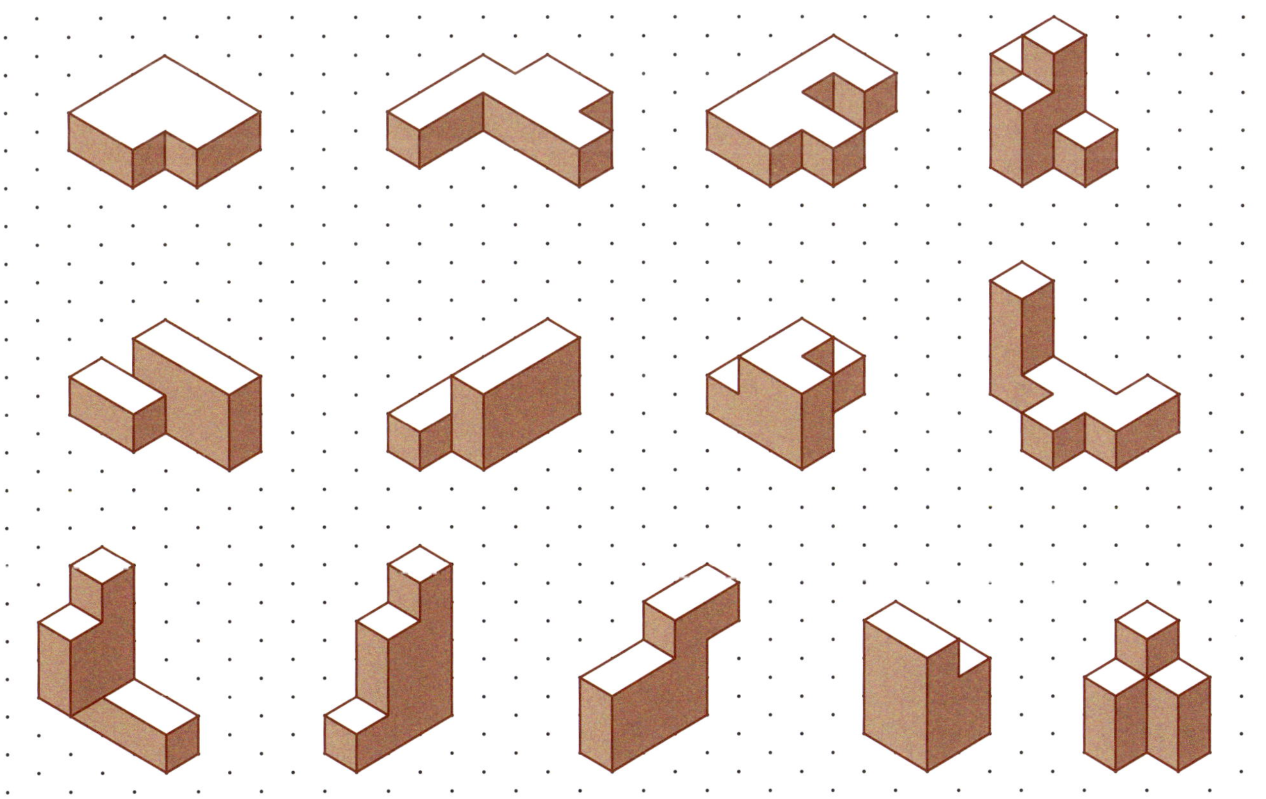

5 Baue weitere Körper mit jeweils einem dieser Körper. Zeichne sie auf Punktpapier.

37 Quaderansichten

Alles Ansichtssache!

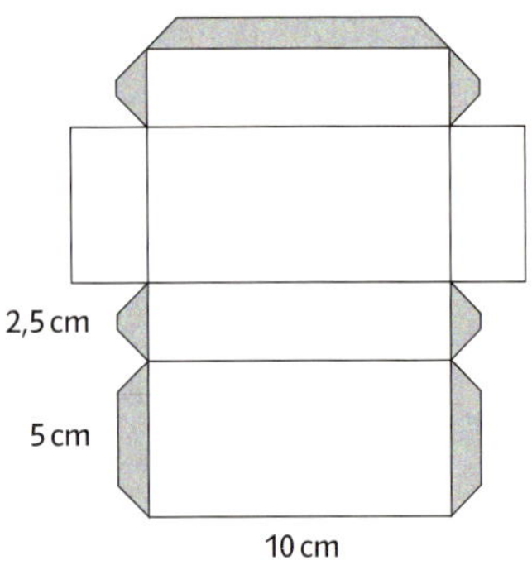

1 Zeichne dieses Quadernetz dreimal auf festes Papier. Baue einen gelben, blauen und roten Quader. Achte darauf, dass du exakte rechte Winkel zeichnest und die Längen genau misst.

2 Stelle die Quader auf das Grundrissblatt (Kopiervorlage). Die Ansichten von Norden, Osten und Westen sind gezeichnet. Wie sieht die Ansicht von Süden aus? Zeichne in dein Heft.

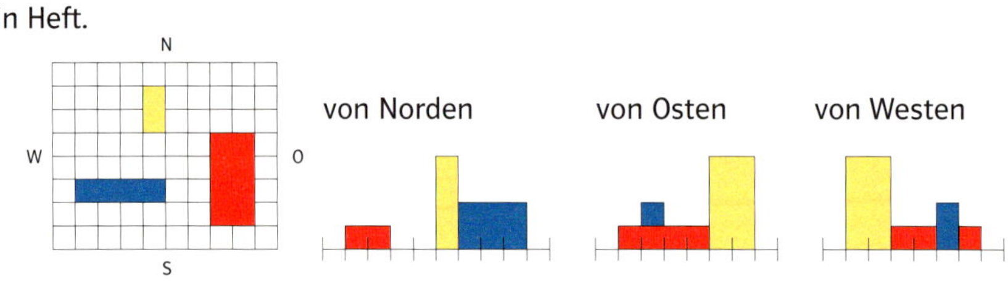

3 Stelle die Quader auf das Grundrissblatt. Zeichne die fehlenden Ansichten.

a.

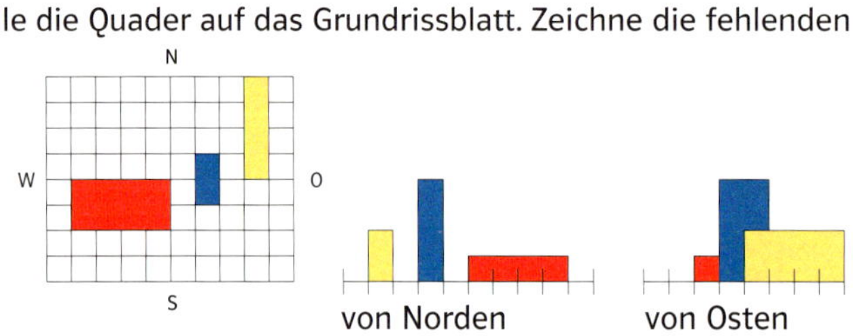

von Westen?
von Süden?

b.

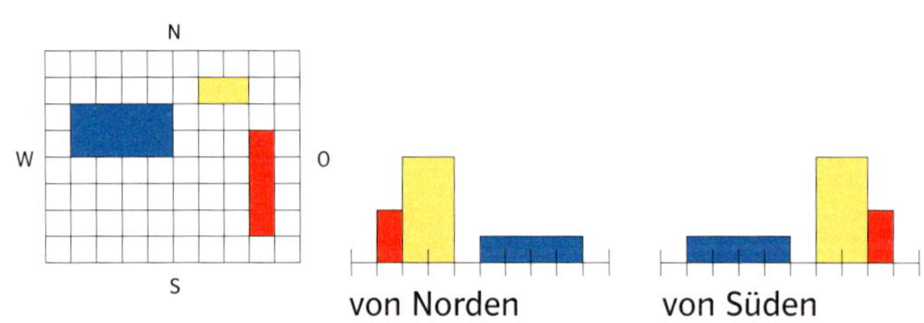

von Westen?
von Osten?

c.

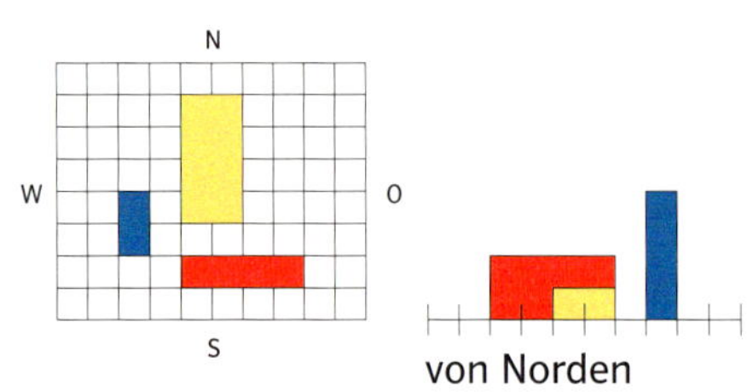

von Osten?
von Süden?
von Westen?

L *Quader herstellen. Seitenansichten zeichnen.*
Geometrische Grundkörper und deren Netze.

4 Stelle die Quader auf. Wie sehen die vier Ansichten aus?

a.

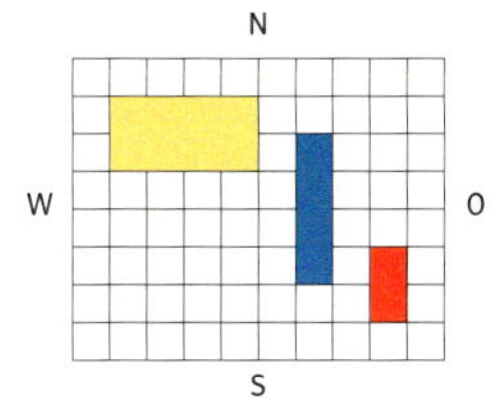

b.

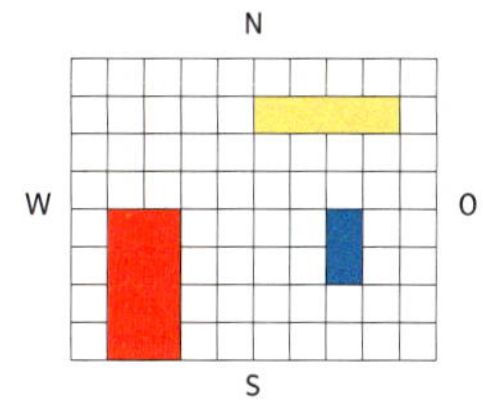

c.

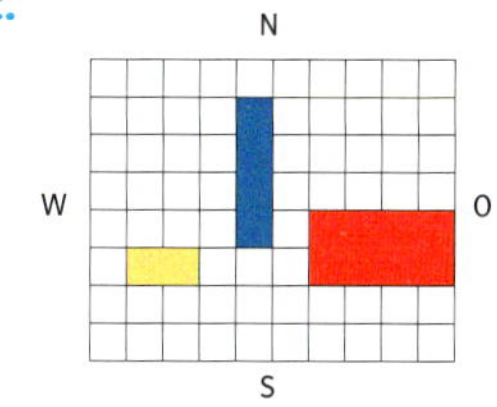

d.

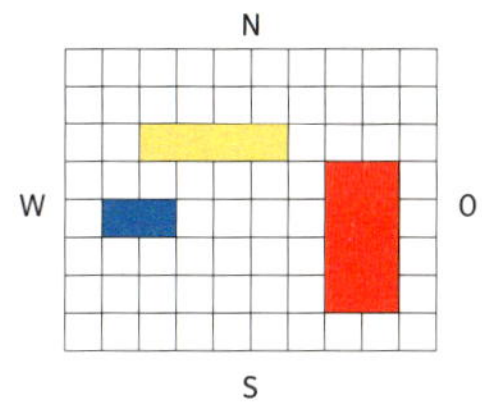

e.

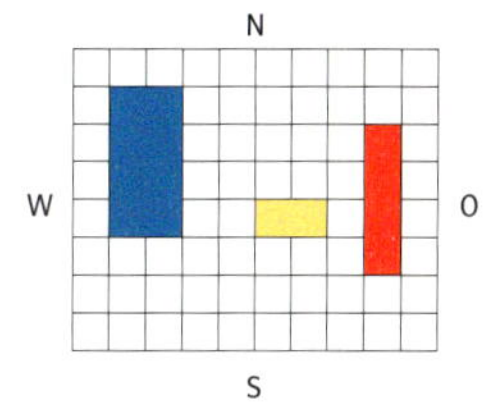

f.

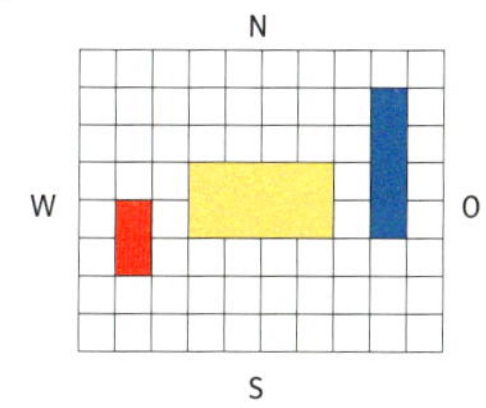

5 Hier sind die vier Ansichten gezeichnet. Stelle die Quader so auf, dass alle vier Ansichten stimmen. Zeichne den Grundriss auf kariertes Papier.

a.

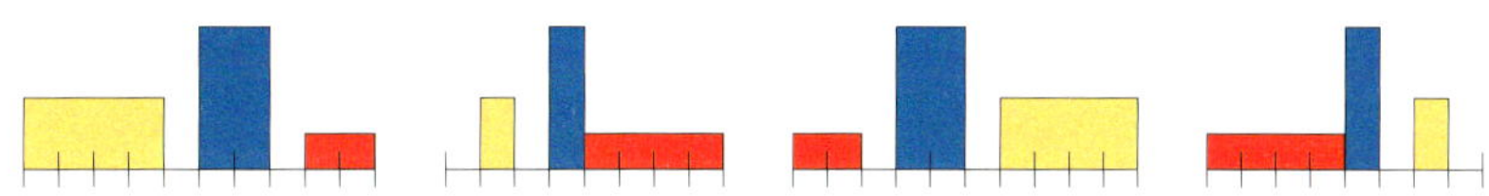

von Norden | von Osten | von Süden | von Westen

b.

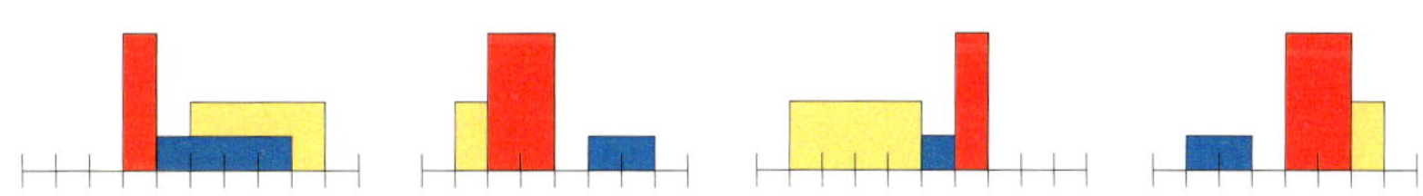

von Norden | von Osten | von Süden | von Westen

c.

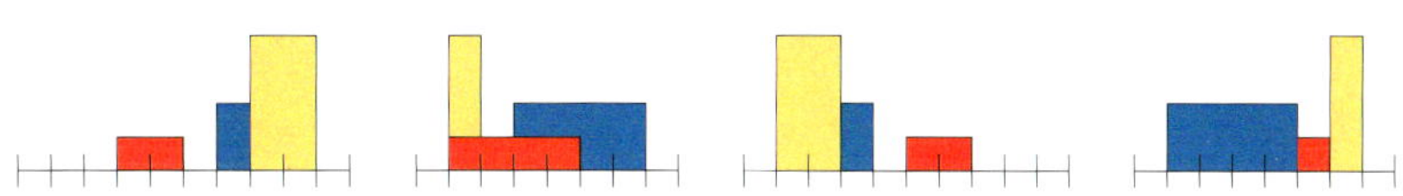

von Norden | von Osten | von Süden | von Westen

d.

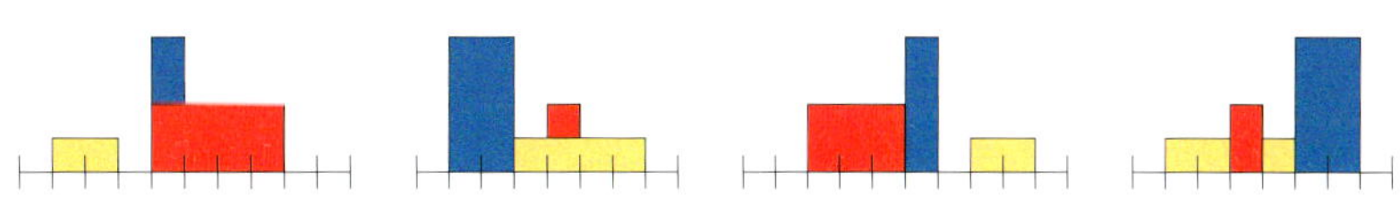

von Norden | von Osten | von Süden | von Westen

6 Im Arbeitsheft hast du weitere geometrische Grundkörper und deren Netze kennengelernt.

a. Welcher geometrische Körper gefällt dir am besten? Begründe.

b. Teile die Körper in „Familien" ein. Beschreibe, wer mit wem „verwandt" ist.

c. Schreibe einen mathematischen Aufsatz zum Thema Körper (mindestens 200 Wörter).

38 Würfelspiele

Würfelspiele sind Glücksspiele, bei denen mit einem oder mehreren Spielwürfeln ein bestimmtes Ergebnis erzielt werden soll. Manchmal kann man durch mathematisches Denken die Gewinnchancen erhöhen. Schon die alten Römer und Ägypter spielten Würfelspiele, wobei die „Würfel“ Tierknochen waren.

Spiel für 3–5 Spieler
2 normale, verschiedenfarbige Spielwürfel, 30 Spielmarken pro Spieler, 1 Spielfeld

Bankspiel

Knicke ein A4-Blatt in der Mitte und falte es auseinander. Dadurch entstehen zwei Felder. In das linke Feld schreibst du „klein“ und die Zahlen 2; 3; 4; 5; 6, und in das rechte Feld schreibst du „groß“ und die Zahlen 8; 9; 10; 11 und 12.
Jeder Spieler erhält 30 Spielmarken. Es wird reihum gewürfelt. Wer die höchste Punktzahl würfelt, leitet als Erster die Bank. Nur der Leiter der Bank verwaltet die beiden verschiedenfarbigen Würfel.
Wer fängt an? Die Spieler setzen einen oder zwei Spielmarken auf eines der Felder „groß“ oder „klein“. Die Würfel des Bankleiters entscheiden, wer auf das richtige Feld gesetzt hat. Der Bankier würfelt mit zwei Würfeln. Beträgt die Summe der Augen 2; 3; 4; 5 oder 6, gewinnen die Spieler, die ihre Spielmarken auf das Feld „klein“ gelegt haben. Diese Spieler erhalten vom Bankier das Doppelte ihres Einsatzes zurück.
Alle übrigen Spieler gehen leer aus. Die Spielmarken auf dem Feld „groß“ gehen an die Bank.
Wenn nun die Summe der Würfel 8; 9; 10; 11 oder 12 beträgt, erhalten die Spieler, die auf das Feld „groß“ gesetzt haben, den doppelten Einsatz zurück. Dann gehen die anderen Spieler leer aus.
Beträgt die Augensumme 7, gewinnt die Bank. Dann gehen alle Spielmarken auf den Spielfeldern „groß“ und „klein“ an den Bankier.
Damit alle Spieler dieselben Chancen haben, darf der Bankier nur 10-mal würfeln. Dann ist der nächste Spieler als Bankier an der Reihe. Das geht so lange, bis jeder Spieler die Bank einmal verwaltet hat.
Sieger ist, wer bei Spielende am meisten Spielmarken hat.

a. Erklärt einander die Spielregeln, so wie ihr sie verstanden habt. Beginnt erst zu spielen, wenn alle Fragen geklärt sind. Spielt das Spiel einige Male durch.
b. Was ist besser: auf „klein“ oder auf „groß“ zu setzen? Begründe deine Antwort.
c. Was bist du lieber in diesem Spiel: Spieler oder Bankleiterin? Warum?

L *Erfahrungen mit einem Würfelspiel sammeln und analysieren.*
Würfelspiele untersuchen.

Spiel für 2–6 Spieler
1 normaler Spielwürfel,
10 Spielmarken pro Spieler

Möglichst nahe an 20

Die Spieler würfeln der Reihe nach und schreiben die Augenzahl jeweils auf. Es geht darum, so nahe wie möglich an 20 Punkte heranzuwürfeln. Spannend wird es ab dem dritten Mal, denn du darfst nicht mehr als 20 Punkte haben. Würfelst du mit 18 Punkten eine 3, hast du schon verloren. Du darfst aber auch aussetzen und abwarten.
Alle Spieler, die mehr als 20 Punkte haben, müssen dem Sieger sechs Spielmarken bezahlen. Wer weniger Punkte als der Sieger hat, muss dem Sieger so viele Spielmarken bezahlen, wie ihm zu 20 Punkten fehlen.
Wenn alle Spieler noch Spielmarken haben, wird von Neuem gewürfelt. Gespielt wird so lange, bis ein Spieler keine Spielmarken mehr hat.

a. Spielt das Spiel ein paar Mal. Notiert, wer mit welcher Augenzahl gewonnen hat. Mit welchen Augenzahlen wurde gewonnen?
b. Kritisch ist es, wenn du schon 18 Punkte hast. Würfelst du nochmals oder nicht? Begründe deine Antwort.
c. Was machst du, wenn du 14, 15, 16, 17 oder 19 Punkte hast?

Spiel für 2–4 Spieler
2 normale Spielwürfel,
1 Blatt Papier pro Spieler

Die Uhr füllen

Jeder Spieler schreibt die Zahlen 1 bis 12 auf sein Blatt und würfelt mit zwei Würfeln. Die Augenzahlen werden addiert. Würfelst du zum Beispiel eine 3 und eine 4, ergibt dies 7. Dann streichst du auf deinem Blatt die 7. Würfelst du eine 2 und eine 5, ergibt dies nochmals 7, aber dann kannst du die Zahl auf deinem Blatt nicht mehr streichen. Gewonnen hat, wer zuerst 11 der 12 Zahlen gestrichen hat.

a. Notiert jeweils die Zahl, die als letzte gestrichen werden konnte, und diejenigen, die nicht gestrichen werden konnten.
b. Welche Zahlen hättet ihr problemlos mehrmals durchstreichen können?
c. Überlegt euch, welche Zahlen nie, häufig oder selten gewürfelt werden. Schreibt einen kurzen Bericht dazu.

Spiel für 2–4 Spieler
3 normale Spielwürfel,
1 Blatt Papier pro Spieler

Drei Würfel

Jeder Spieler schreibt zwei verschiedene Zahlen zwischen 1 und 18 auf sein Blatt.
Es wird so lange gewürfelt, bis die Augensumme von zwei oder drei Würfeln den beiden gewählten Zahlen entspricht.
Beispiel: Mit den drei Würfelzahlen 3, 4 und 6 kannst du die Summen 7, 9, 10 und 13 bilden. Stimmen zwei dieser vier Zahlen mit den gewählten Zahlen überein, hast du dein Ziel schon im ersten Wurf erreicht. Wenn nur eine Zahl mit den gewählten Zahlen übereinstimmt, würfelst du ein zweites Mal. Du kannst einen, zwei oder alle drei Würfel werfen. Wenn du beim ersten Mal keine der beiden Zahlen erreicht hast, nimmst du mit Vorteil nochmals alle drei Würfel. Wer mit möglichst wenigen Würfen die selbst gewählten Augensummen würfelt, hat gewonnen.

a. Welche Zahlen wählst du?
b. Gibt es Zahlen, die du bevorzugst? Warum? Schreibe einen kleinen Bericht.

39 Spitze!

Weißt du, wie schnell du eine Strecke von 50 m und eine Strecke von 400 m läufst? Führe, wenn möglich, einige Messungen durch. Sind die beiden Werte miteinander vergleichbar?

Armin Hary ist als erster Mensch am 21. 6. 1960 in Zürich die 100-m-Strecke in 10 s gelaufen.

Laufen

Ein Gepard legt 100 m in nur 3 s zurück. Wenn der Gepard eine Gazelle hetzt, ist er dreimal schneller als der beste Läufer unter den Menschen. Sportlerinnen und Sportler können höchstens ein paar Jahre lang Spitzenleistungen vollbringen. Ein Gepard dagegen läuft sein ganzes Leben lang so schnell. Er muss! Wenn er seine Beute nicht mehr schlagen kann, verhungert er.
Der Gepard ist ein Sprinter. Er kann nur kurze Strecken mit Höchstgeschwindigkeit zurücklegen. Wenn er die Gazelle nach etwa 500 Metern noch nicht erwischt hat, muss er aufgeben.

Wolf: 1 km in 1 min

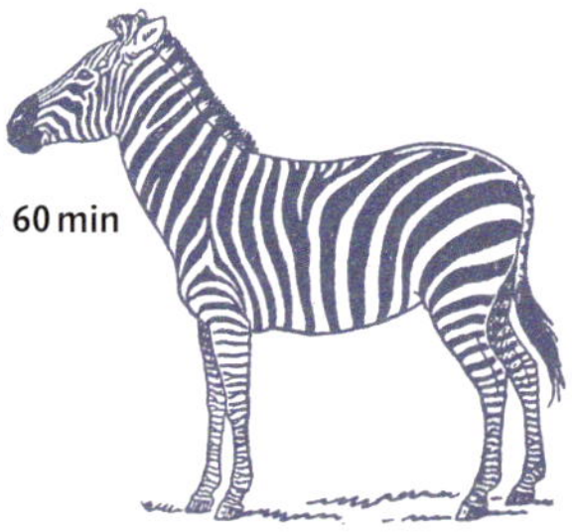

Zebra: 56 km in 60 min

Flusspferd: 11 km in 15 min

Windhund: 450 m in 27 s

Rotes Riesenkänguru: 20 km in $\frac{1}{4}$ h

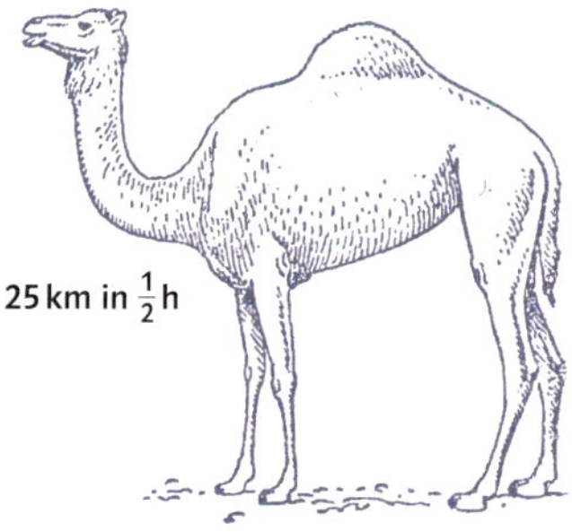

Dromedar: 25 km in $\frac{1}{2}$ h

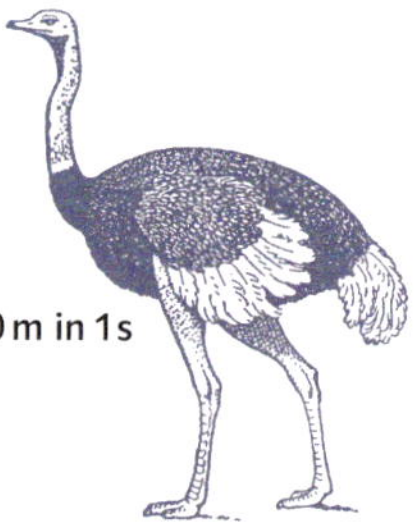

Strauß: 20 m in 1 s

Hase: 700 m in 36 s

Gazelle: 625 m in 0,5 min

Auch das ist ein Rekord:
Das langsamste Säugetier ist wohl das südamerikanische Faultier. Es legt in einer Minute rund 2 Meter zurück.

1 Beantworte und begründe.
- **a.** Wie viele Minuten braucht der Wolf für 7 km?
- **b.** Wie viele Minuten braucht der Hase für dieselbe Strecke?
- **c.** In 1 Stunde legt das Zebra 56 km zurück; welche Strecke legt der Wolf in 1 Stunde zurück?
- **d.** Wer läuft schneller: das Dromedar oder das Flusspferd?
- **e.** Wer braucht länger für eine Strecke von 10 km: der Strauß oder der Wolf?

2 Stellt euch selbst solche Aufgaben.

3 Wer läuft schneller? Stellt eine Rangliste dieser Tiere auf. An welche Stelle gehören die menschlichen Rekorde?

L *Geschwindigkeiten vergleichen.*
Säulendiagramm lesen und erstellen.

Fliegen

Hier siehst du ein Säulendiagramm. 1 cm Säulenhöhe entspricht einer Geschwindigkeit von 10 km/h.

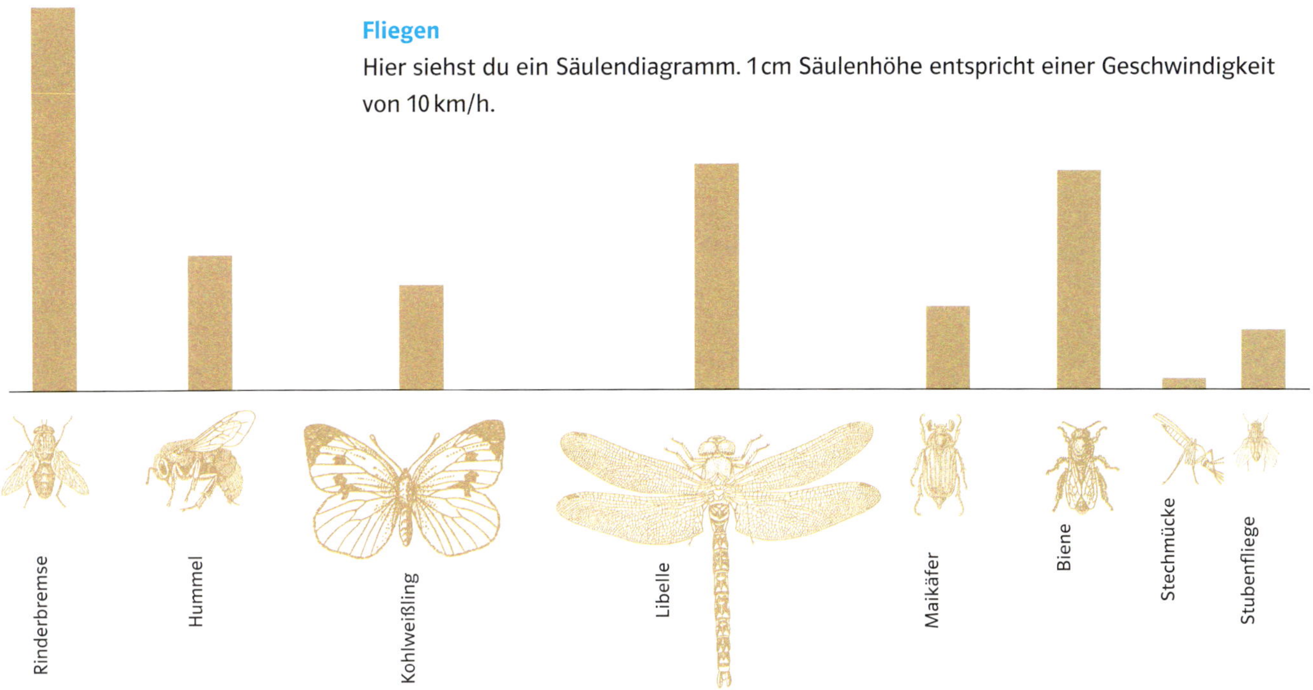

4 Wie schnell fliegen diese Insekten? Stelle eine Rangliste auf.

5 Wie weit fliegen diese Insekten in einer halben Stunde?

6 Stelle die Höchstgeschwindigkeit der Vögel in einem Säulendiagramm dar. 1 cm entspricht einer Geschwindigkeit von 10 km/h.

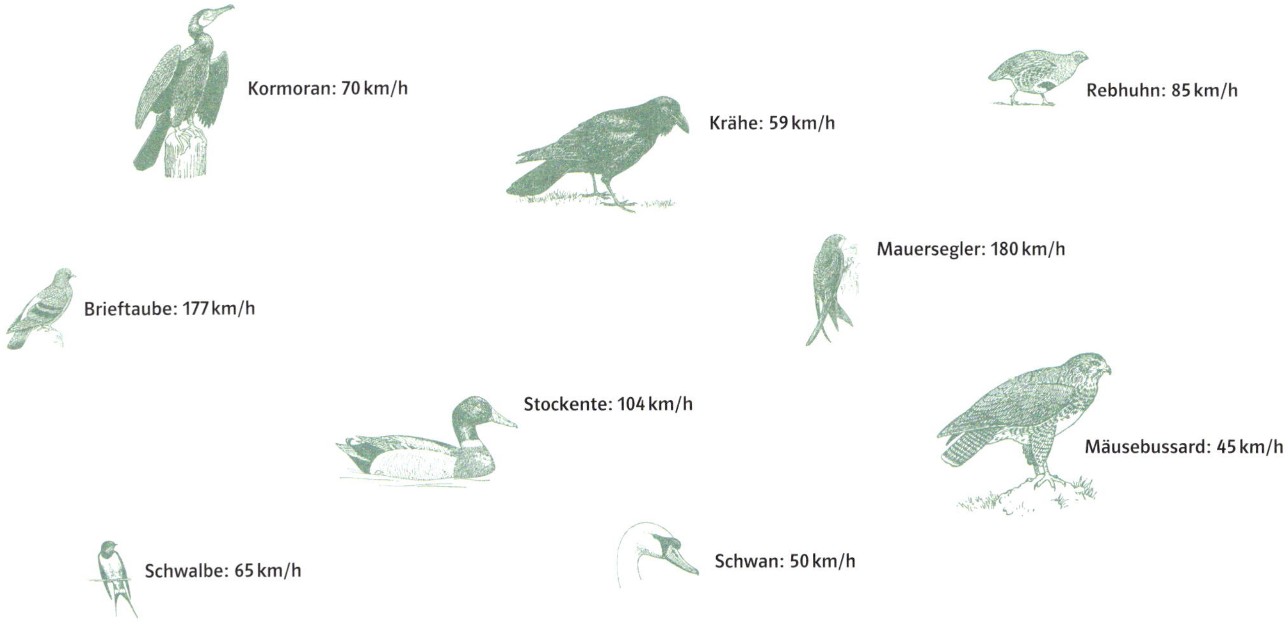

Zum Vergleich: Ein Segelflugzeug erreicht eine Höchstgeschwindigkeit von 250 km/h.

40 Wie alt werden Bäume?

Weißt du eigentlich, wie wichtig der Wald für uns ist?

Keimung der Kiefer

1938
Der junge Baum wächst gut. Das Klima ist sonnig und genügend feucht.

1942
Etwas beginnt gegen den Baum zu drücken und stellt ihn schräg. Er bildet Reaktionsholz auf der einen Seite, das ihn stützen soll.

1948
Der Baum wächst wieder gerade. Seine Nachbarbäume wachsen aber mit und nehmen ihm viel Licht und Wasser weg.
Das Wachstum ist deshalb gering.

1954
Bei einer Durchforstung werden seine Nachbarbäume gefällt. Mehr Wasser, Nahrung und Sonne lassen ihn wieder schneller wachsen.

1957
Ein Bodenfeuer verletzt unseren Baum. Mit den Jahren wird die Wunde überwallt, d. h. von neuem Holz überwachsen.

1967
Diese engen Jahresringe sind wahrscheinlich auf zu trockene Witterung in mehreren aufeinanderfolgenden Jahren zurückzuführen.

1982
Hier könnte ein massiver Insektenbefall das Wachstum gebremst haben.

1 Die Baumscheibe eines gefällten Baumes kann die Lebensgeschichte des Baumes erzählen. Wenn du dir die Baumscheibe genauer ansiehst, erkennst du lauter schmale Linien, die sich durch den Stamm ziehen, die so genannten **Jahresringe**. Sie entstehen, wenn der Baum wächst. Der Baum wird jedes Jahr einige Millimeter dicker, dafür sorgen Zellen, die direkt unter der Rinde sitzen. Im Frühling produzieren diese Zellen helleres Holz, während sich im Sommer dunkles Holz bildet. Durch diesen Farbunterschied heben sich die Schichten deutlich voneinander ab.

a. Wann wurde dieser Baum gefällt?

b. Wie alt war der Baum, als er gefällt wurde? Beachte, dass es drei Jahre dauert, bis wir auf der Schnitthöhe des Baumes (15 cm über dem Boden) den ersten Jahresring sehen.

c. Suche weitere Fragen, die du deinen Mitschülerinnen und Mitschülern stellen kannst.

L *Alter eines Baumes durch Auszählen von Jahresringen bestimmen.*
Texte lesen, verstehen und Berechnungen ausführen.

2 Wie alt wird ein Baum?

Die meisten Bäume sterben schon als Keimlinge. Später bedrohen Umwelteinflüsse und Krankheiten das Leben eines Baums. Nur ganz wenige Bäume sterben aus Altersschwäche. Viele müssen ihr Leben im besten Alter lassen. Dann kann ihr Holz nutzbringend verwertet werden. Die größte Gefahr droht den Bäumen in aller Welt heute durch Abholzung und Brandrodungen. Es wird immer mehr Fläche für die landwirtschaftliche Nutzung oder für Straßen und Häuser benötigt. Auch die Papierherstellung hat einen großen Anteil an der legalen und illegalen Abholzung der Wälder.
Bäume gehören zu den größten Pflanzen auf dieser Erde und sie erreichen ein höheres Alter als alle anderen Lebewesen.
Espen, Birken, Erlen und Pappeln können bis zu hundert Jahre alt werden. Kiefern, Tannen und Fichten leben bis zu sechshundert Jahre, die Lärche sogar bis zu achthundert Jahre. Bei uns hält die Eibe den Rekord, sie kann über zweitausend Jahre alt werden. In der Sierra Nevada in Kalifornien (USA) hingegen gibt es Mammutbäume, die schon über dreitausendfünfhundert Jahre allen Gefahren trotzen. Eine Grannenkiefer im gleichen Gebiet hat schon den viertausendsiebenhundertsten Geburtstag erlebt.

a. Beschrifte auf dem Blatt „Zeitachse" (Kopiervorlage) die linke Hälfte bis zum Jahr 1000 n. Chr. mit ganzen Hundertern (jedes Jahrhundert) und bis 3000 v. Chr. mit halben Tausendern.
b. Markiere mit Pfeilen und Beschriftung das Höchstalter der im Text genannten Baumarten.

3 Bei Tannen können wir das jährliche Längenwachstum am Abstand der Astkränze erkennen.

a. Um wie viel ist der Nadelbaum (siehe Zeichnung) jedes Jahr gewachsen?
b. Wie viel muss er noch wachsen, bis er eine Höhe von 3 m 20 cm erreicht hat?
c. Um wie viel wächst du selbst pro Jahr im Durchschnitt?
d. Wie alt ist eine Tanne mit deiner Größe?
e. Wie groß ist eine Tanne mit deinem Alter?

Beim Zählen der Jahresringe ist es hilfreich, bei jedem 10. Ring eine Stecknadel einzustecken. Wo Ringe schlecht sichtbar sind, hilft Schleifen mit Schmirgelpapier oder Befeuchten weiter.

4 Bei Laubbäumen ist das Wachstum schwieriger zu bestimmen als bei Nadelbäumen. Du kannst wie folgt vorgehen: Zähle bei einem Stammabschnitt auf beiden Seiten die Jahresringe. Rechne anschließend den Unterschied aus. Der Unterschied entspricht der Anzahl Jahre, in denen der Stammabschnitt gewachsen ist.

a. Berechne das jährliche Wachstum an einem Stamm auf dem Holzplatz.
b. Berechne die „■" in den Zeichnungen A bis D.

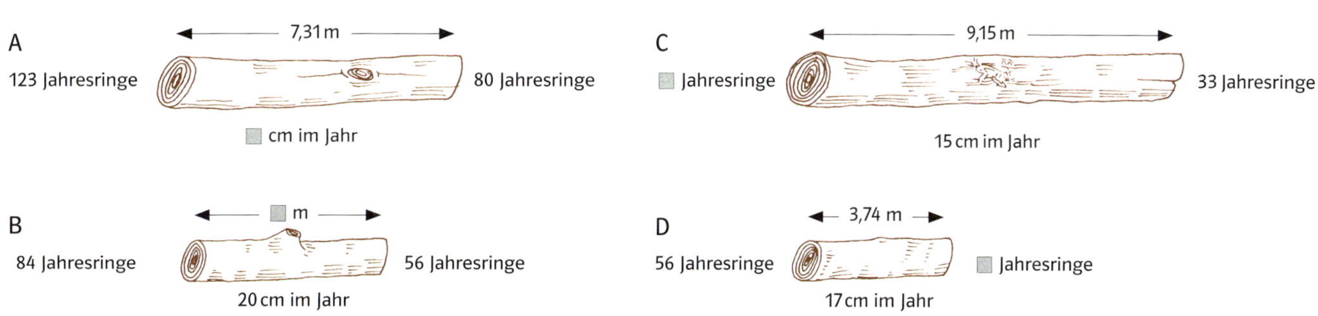

41 Päckchen schnüren

Wenn man ein Päckchen packt, braucht man ein Stück Schnur oder Geschenkband. Aber wie viel davon?

1 Für welches Paket braucht man am wenigsten Schnur, für welches am meisten? Gibt es Pakete, für die man genau gleich viel Schnur braucht? Was vermutest du?

Alle drei Pakete sind gleich groß.

A

B

C

2 Probieren geht über Studieren. Übrigens: Pakete schnüren kann man allein oder in Gruppen.

3

- Markiert mit einem dicken Filzstift jene Stellen auf der Schnur, wo sie über einer Kante liegt. Kennzeichnet auch jene Stellen, die versteckt sind.
- Wir schneiden anschließend die Schnur bei jeder Markierung durch.
- Lege und überlege. Vergleiche und berichte.
- Sortiere bei jeder der drei Schachteln alle kurzen, mittleren und langen Teilstücke.

4 Finde heraus, welches der Pakete A, B, C am wenigsten Schnur braucht.

5 Die drei Pakete sind gleich groß.
Gib jeweils die Gesamtlänge der Schnur an.

Abmachung:
l = Länge
b = Breite
h = Höhe

Die Schnur bei Paket D hat also folgende Länge:
$4h + 4b$

D

E

F

L *Schnurlängen von Päckchen berechnen. Terme aufstellen.*

6 Jens und Arina haben drei identische quaderförmige Schachteln ausgewählt, um Geschenke für ihre Freunde zu verpacken. Um die Geschenke später nicht zu verwechseln, wollen sie die Geschenkpäckchen auf unterschiedliche Art verschnüren. Hier siehst du ihre Päckchen:

G H I

a. Die ausgewählten Schachteln haben die Länge l, die Breite b und die Höhe h. Zähle aus, wie oft bei den verschiedenen Verschnürungen die Maße l, b und h jeweils vorkommen.

b. Bestimme jetzt die Gesamtlänge des benötigten Bandes, ohne die Schleifen zu berücksichtigen, wenn die Maße l = 30 cm, b = 15 cm und h = 7 cm sind.

c. Jens und Arina haben insgesamt 6 m Geschenkband zur Verfügung. Arina möchte jeweils 30 cm Band für die Schleife verbrauchen. Jens will bei den Schleifen Band einsparen, weil er glaubt, dass das Band insgesamt zu kurz ist. Wer hat Recht? Hilf ihnen bei der Entscheidung.

d. Überlege dir eine neue Möglichkeit, die Schachtel zu verschnüren. Fertige dazu eine Skizze an. Berechne dann die Gesamtlänge des benötigten Bandes für deine Verschnürung.

7 Veronika hat für ihre Eltern eine Vase im Kunstunterricht getöpfert. Sie möchte die Vase als Geschenk verpacken und wählt eine würfelförmige Schachtel aus.

a. Wie kann Veronika herausfinden, wie viel Schnur sie mindestens zum Verschnüren benötigen wird? Was ändert sich bei der würfelförmigen Schachtel gegenüber dem Päckchen aus Aufgabe 6?

b. Damit die Vase in die Schachtel passt, muss die Kantenlänge a = 12 cm betragen. Wie lang ist dann die benötigte Schnur, wenn Veronika für eine Schleife 20 cm Schnur einplant?

c. Übertrage die Verschnürung C aus Aufgabe 6 auf den Würfel. Gib an, wie du die Gesamtlänge der Schnur schnell herausfinden kannst.

42 Schätzen und runden

Manchmal kannst du nicht genau messen – schätzen kannst du immer.

1 Das Gefäß A enthält 1000 ml Wasser.

A B C D E

a. Wie viele ml enthalten die anderen Gefäße?
b. Rita schätzt, dass das Gefäß B 507 ml enthält. Was meinst du dazu?

2 Länge von Strecken

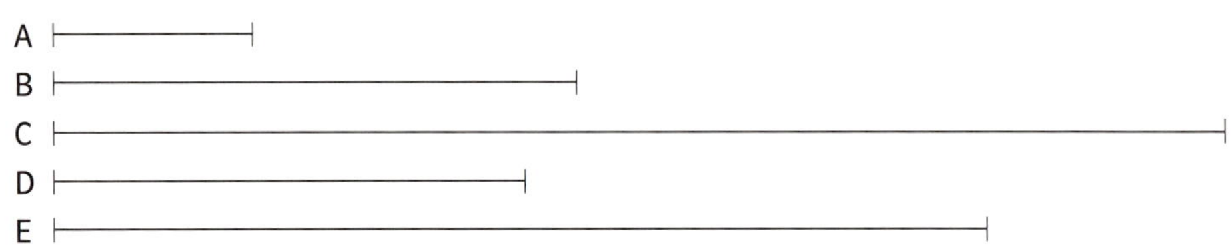

a. Schätze, miss und vergleiche die Längen der Strecken.
b. Wie gehst du beim Schätzen von Längen vor?

3 Du hast folgende Zahlen zur Auswahl:
16; 40; 365; 381; 636; 886; 2962; 8850; 40 000; 61 500; 270 000; 82 300 000
Ordne sie den folgenden Angaben zu (Stand: 2008).

a. Einwohner Deutschlands
b. Höhe des Mount Everest, des höchsten Berges der Erde (in Meter)
c. Ausdehnung Deutschlands in Nord-Süd-Richtung und West-Ost-Richtung (in Kilometer)
d. Fassungsvermögen des Stadions von Schalke 04
e. Einwohner von Münster in Westfalen
f. Höhe der Zugspitze, des höchsten Berges Deutschlands (in Meter)
g. Umfang der Erde (in Kilometer)
h. Anzahl der Bundesländer in Deutschland
i. Anzahl der Tage eines Jahres, wenn es kein Schaltjahr ist
j. Höchste in der Schweiz gemessene Lufttemperatur (in Grad Celsius)
k. Höhe des Empire State Buildings in New York (in Meter)
l. Welche Zahlen der Antworten a. bis k. sind gerundet?

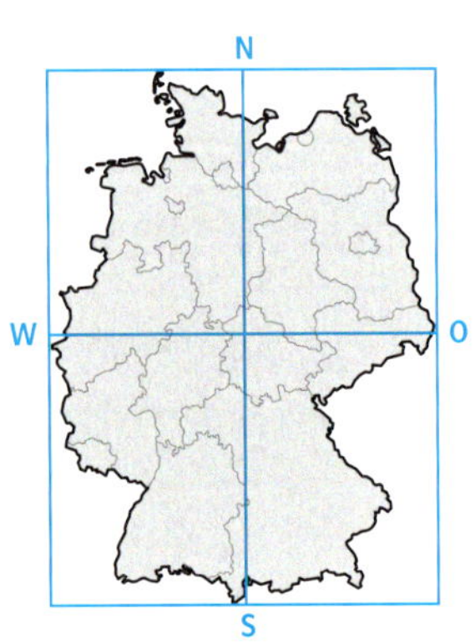

L *Volumen, Längen und Zahlen schätzen.*
Dezimalbrüche runden und gerundete Zahlen erkennen.

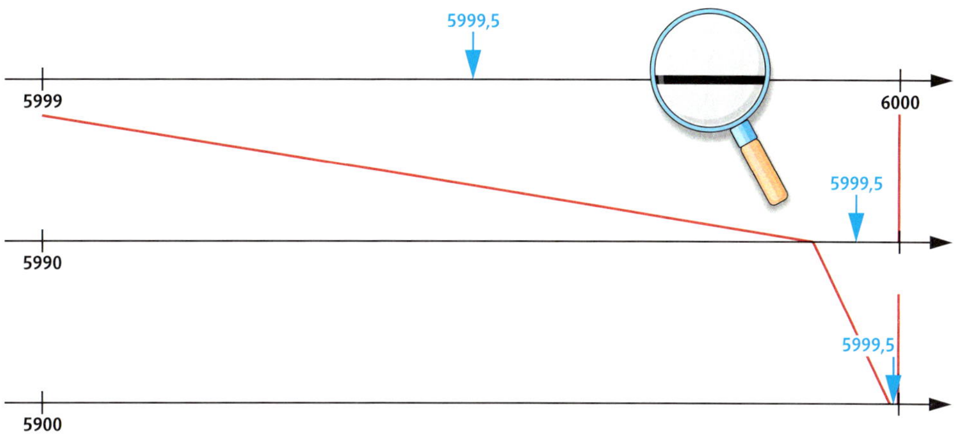

Runden

Auf Einer runden:

1,257 ≈ 1.

Auf Zehntel runden:

1,257 ≈ 1,3.

Auf **Hundertstel** runden:

1,257 ≈ 1,26.

4 Runde auf Einer, Zehner und Hunderter.

a. 1919,1	b. 9090,9	c. 5999,5	d. 4949,4
191,9	909,0	599,5	959,5
19,1	90,9	59,5	69,6
1,9	9,0	5,5	9,7

5 Runde auf Einer, Zehntel und Hundertstel.

a. 1,234 m	b. 10,222 l	c. 4,646 kg
2,345 m	10,444 l	0,464 kg
3,456 m	10,666 l	0,046 kg
4,567 m	10,888 l	0,004 kg

6 Hier wurden die Zahlen gerundet.

a. Es wurde auf 10 km gerundet. Wie lang kann die wirkliche Strecke sein?
30 km, 440 km, 5550 km, 66 660 km

b. Es wurde auf 100 € gerundet. Wie groß könnte der genaue Betrag sein?
300 €, 4400 €, 55 500 €, 666 600 €

c. Hier wurde auf 1000 l gerundet. Wie viel könnte der genaue Inhalt sein?
3000 l, 44 000 l, 555 000 l, 6 666 000 l

Kölner Haie gegen Mannheimer Adler

Über 20 000 Menschen wollten das Eishockeyspiel zwischen den Haien und den Adlern aus Mannheim sehen. In der Kölnarena fanden jedoch nur 18 500 Zuschauer Platz. Die zwei Mannschaften zeigten ein erstklassiges Spiel mit fast zehn Toren: Es endete 5 : 4 für die Haie. Außer dem sportlichen Erfolg wurde mit dem Spiel auch eine gute Tat vollbracht. Von den weit über 200 000 Euro Einnahmen spendete der Verein zu Weihnachten 10 000 Euro an ein Kinderheim in Köln.

7 Zahlen aus der Zeitung

a. Welche Zahlen sind gerundet, welche sind genau?

b. Suche selbst Texte aus der Zeitung und untersuche die Zahlen.

8 In welchen Situationen darfst du runden, in welchen nicht?

a. Suche Beispiele, wo runden alltäglich ist.

b. Suche Beispiele, wo runden nicht erlaubt ist.

c. Entscheide, welche Zahlen gerundet sind und welche nicht. Begründe.
- Meine Körpergröße beträgt 1,30 m.
- Die Mathematiknote im Zeugnis ist eine 2.
- Der Weltrekord im 100-m-Lauf der Männer beträgt 9,74 s und derjenige der Frauen 10,49 s (Stand: 2007).
- Mein Schulweg ist 1 km lang.
- Der PIN-Code für eine Bank-Karte lautet ****.

43 Rauminhalt (Volumen)

Wahrscheinlich hast du schon einmal Container gesehen. Sie haben die Form eines Quaders. Weil man sie schnell verladen und auch stapeln kann, sind sie sehr praktisch. Wie viel wohl in so einen Container hineinpasst?

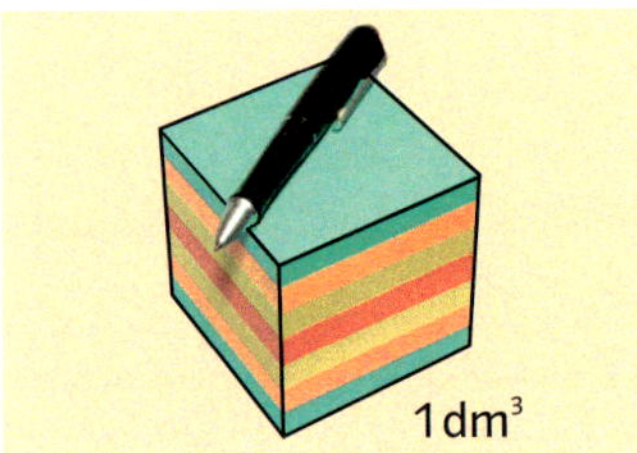

Ein **Dezimeterwürfel** ist ein Würfel mit der Seitenlänge 1 dm. In einem solchen Würfel hat genau 1 l Flüssigkeit Platz. Besitzt ein Körper einen Rauminhalt, der gleich groß ist wie der Rauminhalt eines Dezimeterwürfels, so sagt man, der Körper hat ein Volumen von **1 dm³**, lies: **Kubikdezimeter**.

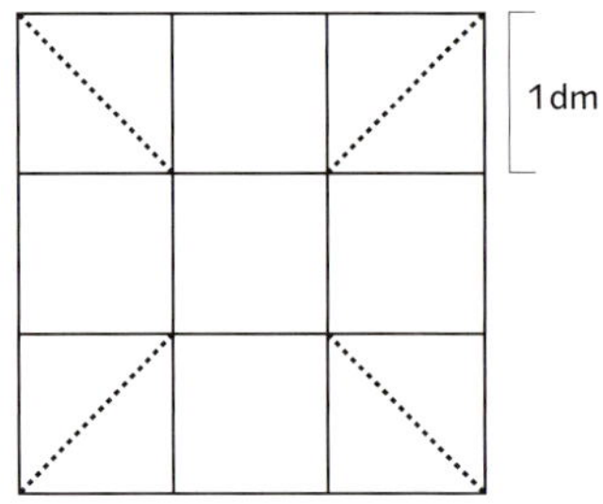

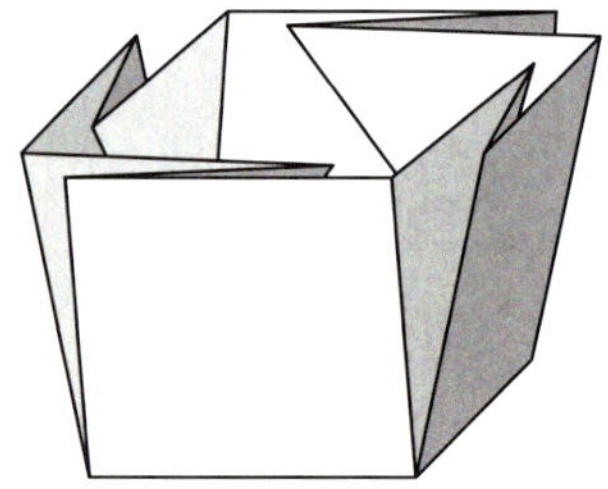

1 Zeichne ein Quadrat von 30 cm Seitenlänge auf ein Blatt Papier. Schneide es aus und falte wie oben angegeben einen Würfelbehälter. Wie groß ist das Volumen des Würfelbehälters, wie groß ist seine Oberfläche?

2 Erkläre, was ein Meterwürfel und ein Zentimeterwürfel ist.

3 Beantworte folgende Fragen und begründe.

a. Wie viele Zentimeterwürfel haben in einem Dezimeterwürfel Platz?

b. Wie viele Dezimeterwürfel haben in einem Meterwürfel Platz?

c. Wie viele ml, cl, l Flüssigkeit haben in einem Zentimeterwürfel, Dezimeterwürfel, Meterwürfel Platz? Erstelle eine Tabelle.

d. Wie viele hl haben in einem Meterwürfel Platz?

e. Wie viele Zentimeterwürfel haben in einem Meterwürfel Platz?

4 Welches Volumen haben diese Quader? Rechne in die nächstgrößere und nächstkleinere Volumeneinheit um.

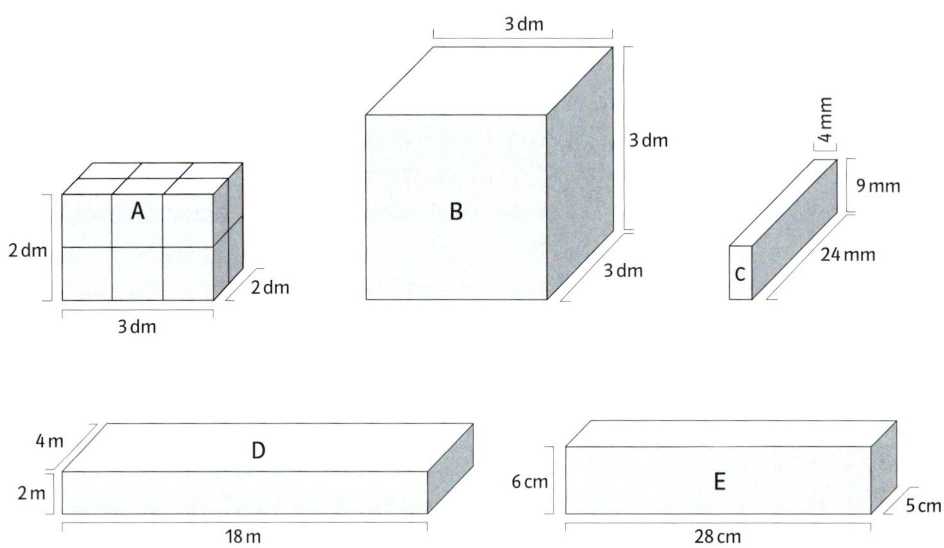

5 Wie groß sind die Oberflächen der Quader in Aufgabe 4?

L *Volumina und Oberflächen von Quadern berechnen.*
Gleichungen durch Probieren lösen.

6 Schätze und miss nach.

a. Wie viele m^3 Luft sind ungefähr in eurem Schulzimmer, in eurem Schulgebäude?

b. Wie viele dm^3 (l) Wasser haben ungefähr in einem Eimer, in einer großen Gießkanne, in einer Badewanne Platz?

c. Wie viele cm^3 (ml) Flüssigkeit haben in einer Tasse, einem Krug, einer Vase Platz?

d. Stellt euch gegenseitig weitere solche Fragen.

7 Bestimme den Rauminhalt der folgenden Körper.

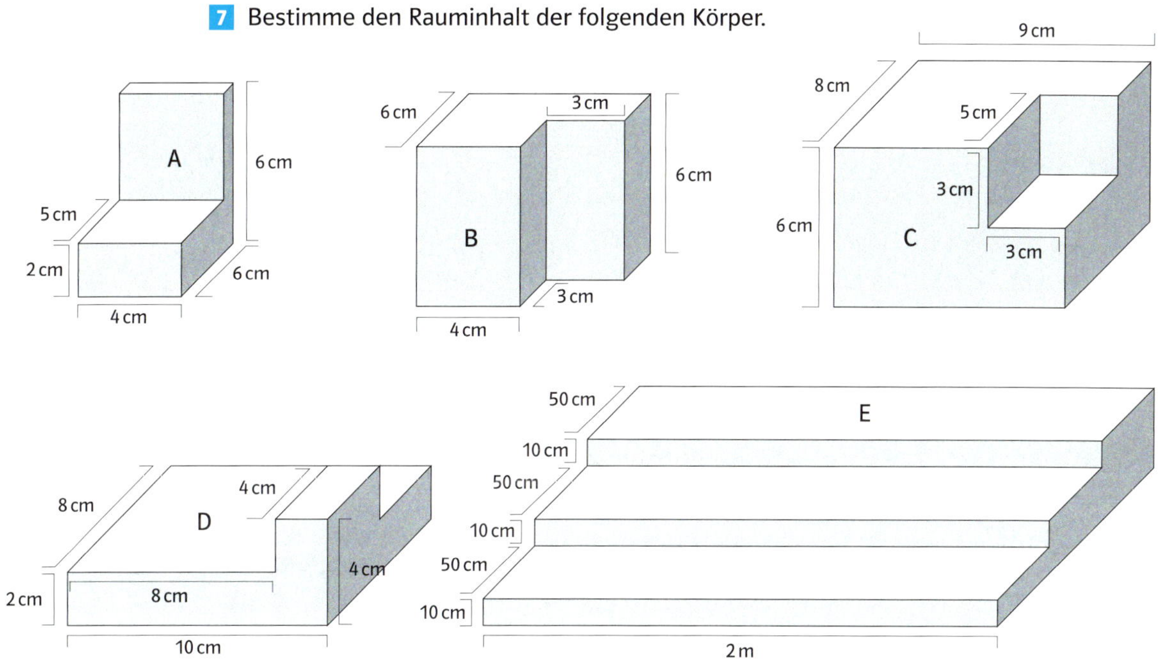

8 Bestimme die Oberfläche der Körper aus Aufgabe 7.

9 Wie groß ist das Volumen dieses Gewichtstückes?
Nimm ein Messgefäß für Flüssigkeiten, zum Beispiel ein Litermaß. Fülle hinreichend Wasser ein. Notiere dir das Volumen des Wassers. Tauche nun das Gewichtstück vorsichtig in das Wasser. Stelle fest, wie sich die Wasserhöhe ändert. Warum hast du mit diesem Verfahren das Volumen des Gewichtstückes bestimmt?
Leider funktioniert dieses Verfahren nicht bei allen Körpern. Wieso?

10

a. Eine quaderförmige Schachtel ist 12 cm lang und 6 cm breit. Das Volumen der Schachtel beträgt $360\,cm^3$. Wie hoch ist die Schachtel?

b. Ein quaderförmiges Paket hat die Höhe h und eine quadratische Grundfläche mit der Seitenlänge 20 cm. Begründe, dass die Oberfläche O des Paketes durch die Gleichung $O = 800\,cm^2 + 80\,cm \cdot h$ beschrieben wird.
Für welche Höhe h hat die Oberfläche den Wert $2000\,cm^2$?

44 Besondere natürliche Zahlen

Die natürlichen Zahlen der rechts stehenden Zahlenreihe sind voller Geheimnisse. Warum zum Beispiel enthält jede Zahl ein hellgrünes Quadrat, aber nicht jede ein graues?

Eine Zahl heißt **Quadratzahl**, wenn sie sich als Produkt von zwei gleichen Faktoren darstellen lässt.
Beispiel:
25 = 5 · 5 ist eine Quadratzahl.
Auch 1 = 1 · 1 gehört zu den Quadratzahlen.

1 Besondere natürliche Zahlen: Quadratzahlen

a. Schreibe die Quadratzahlen zwischen 1 und 100 der Reihe nach auf.

b. Rechne die Unterschiede zwischen aufeinanderfolgenden Quadratzahlen aus. Was stellst du fest?

c. Welche der Zahlen 1000; 10 000; 100 000 und 1 000 000 sind Quadratzahlen?

d. Schreibe alle Quadratzahlen auf, die zwischen 400 und 500 liegen.

e. Welche Quadratzahl liegt am nächsten bei 500, welche am nächsten bei 600; 700; 800 …?

Eine Zahl größer als 1 heißt **Primzahl**, wenn sie nur durch sich selbst und durch 1 teilbar ist.
primus (lat.: der Erste)

2 Das Sieb des Eratosthenes

Entdecke weitere besondere natürliche Zahlen zwischen 1 und 100. So findest du sie: Nimm die Hundertertafel (Kopiervorlage).

1	(2)	3	~~4~~	5	~~6~~	7	~~8~~	9	~~10~~
11	~~12~~	13	~~14~~	15	~~16~~	17	~~18~~	19	~~20~~
21	~~22~~	23	~~24~~	25	~~26~~	27	~~28~~	29	~~30~~
31	~~32~~	33	~~34~~	35	~~36~~	37	~~38~~	39	~~40~~
41	~~42~~	43	~~44~~	45	~~46~~	47	~~48~~	49	~~50~~

- Kreise die Zahl 2 ein und streiche dann alle Zahlen der Zweierreihe durch.
- Suche die nächste nicht durchgestrichene Zahl, in diesem Fall die 3. Kreise sie ein und streiche dann alle Zahlen der Dreierreihe durch.
- Suche die nächste nicht durchgestrichene Zahl. Kreise sie ein und streiche dann alle Zahlen dieser Reihe durch.
- Fahre so fort und schreibe anschließend einen Bericht.

Die beiden Produkte 2 · 12 und 12 · 2 besitzen die gleichen Faktoren. Sie gelten als gleich.

$24 = 2 \cdot 2 \cdot 2 \cdot 3 = 2^3 \cdot 3$
Mithilfe der Potenzschreibweise lässt sich die Produktdarstellung übersichtlicher aufschreiben.

3 Sucht zu jeder Zahl von 2 bis 100 möglichst viele und möglichst lange Produktdarstellungen, in denen die Zahl 1 nicht vorkommt.
Zur Zahl 24 gibt es beispielsweise die Produktdarstellungen:
2 · 12   3 · 8   4 · 6   2 · 2 · 6   2 · 3 · 4   2 · 2 · 2 · 3
Die letzte Produktdarstellung ist die längste. Sie besteht aus 4 Faktoren.
Zu einigen Zahlen gibt es keine Produktdarstellung, zu anderen eine, zwei, drei oder mehrere Produkte.
Vergleicht eure Ergebnisse und schreibt einen Bericht.

4 Vergleicht die beiden Berichte der Aufgaben 2 und 3.

L *Zahlen in Faktoren zerlegen. Quadratzahlen und Primzahlen als besondere Zahlen kennen lernen und erkennen.*

5

a. Suche Primzahlen, die größer sind als 100.
b. Welche Primzahlen haben die Einerziffer 2?
c. Welche Primzahlen haben die Einerziffer 3?
d. Welche Primzahlen haben die Einerziffer 4, 5, 6, 7, 8, 9 oder 0?
e. Suche zwei Primzahlen mit der Differenz 2.
f. Suche zwei Primzahlen mit der Differenz 10.

6 Welche der Zahlen 101; 111; 121; 131; 141 … 191 sind Primzahlen?
Wie hast du das herausgefunden?
Schreibe einen Bericht und stelle ihn vor.

7 $4 = 2 + 2$ $\quad 8 = 3 + 5$ $\quad 12 = 5 + 7$
$6 = 3 + 3$ $\quad 10 = 3 + 7 = 5 + 5$ $\quad 14 = 3 + 11 = 7 + 7$
Alle geraden Zahlen von 4 bis 14 lassen sich als Summe von zwei Primzahlen schreiben. Gilt das auch für die anderen geraden Zahlen bis 100?

Es gibt unendlich viele Primzahlen. Großen Zahlen sieht man nicht an, ob sie Primzahlen sind oder nicht. Die im Jahr 2007 größte bekannte Primzahl hat fast 10 Millionen Stellen. Für diese Berechnung benötigen 700 Computer neun Monate.

8 Es gibt Primzahlen, die den Rest 1 haben, wenn man sie durch 4 teilt.
Diese lassen sich als Summe von 2 Quadratzahlen schreiben, z. B. $5 = 1 + 4$.
Zeige das an den Primzahlen 13; 17; 29; 37; 41 …

45 Teiler – Vielfache

Memory-Karten lassen sich zu Rechtecken anordnen, sogar zu verschiedenen Rechtecken!
Wie viele Möglichkeiten gibt es dafür?

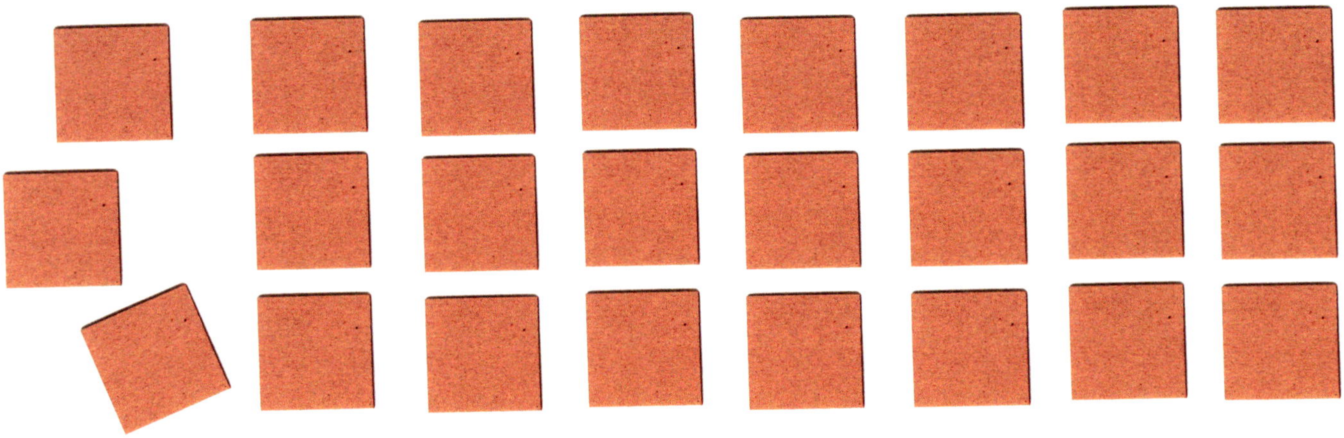

1 Nimm 24 gleich große Quadrate. Damit kannst du verschiedene Rechtecke bilden. Suche alle Rechtecke, die du mit den 24 Quadraten legen kannst. Welche Rechtecke findest du? Beschreibe sie.

Teiler
Alle Zahlen lassen sich als Produkt von zwei oder mehr Zahlen schreiben. Die einzelnen Faktoren einer solchen Multiplikation heißen Teiler der Zahl.

2
a. Lies die nebenstehende Erklärung „Teiler". Erkläre den Zusammenhang mit Aufgabe 1.
b. Bilde mit 30 Quadraten alle möglichen Rechtecke. Bestimme alle Teiler der Zahl 30. Beschreibe dein Vorgehen dabei.

3 Suche alle Teiler der Zahlen:
a. 2; 4; 8; 16; 32; 64.
b. 3; 6; 12; 24; 48; 96.
c. 5; 15; 25; 35; 45; 55 …
d. 12; 24; 36; 48; 60; 72 …

4
a. Gib drei verschiedene Zahlen an, die genau zwei Teiler haben. Was fällt dir auf?
b. Gib drei verschiedene Zahlen an, die genau drei Teiler haben. Formuliere mit deinen eigenen Worten, was diese Zahlen gemeinsam haben.

Gemeinsamer Teiler
Eine Zahl heißt gemeinsamer Teiler von zwei gegebenen Zahlen, wenn sie beide Zahlen ohne Rest teilt.

Die größte Zahl unter den gemeinsamen Teilern zweier Zahlen heißt **größter gemeinsamer Teiler (ggT)** der beiden Zahlen.

5 Du kennst schon die Teiler von 24 und 36.
a. Welche Teiler haben die beiden Zahlen gemeinsam?
b. Welches ist der größte gemeinsame Teiler?
c. Was bedeutet der „größte gemeinsame Teiler" bei den Rechtecken, die aus den Memory-Karten gebildet werden?

6 Bestimme alle Teiler der jeweiligen Zahlen, gehe dann weiter vor wie in Aufgabe 5.

a.	24 und 60	25 und 60	30 und 60	31 und 60	36 und 60
b.	16 und 27	16 und 28	16 und 32	16 und 41	16 und 56
c.	10 und 11	11 und 12	12 und 13	13 und 14	…

L *Teiler und Vielfache von Zahlen bestimmen.*
Den ggT und das kgV von Zahlenpaaren bestimmen.

A

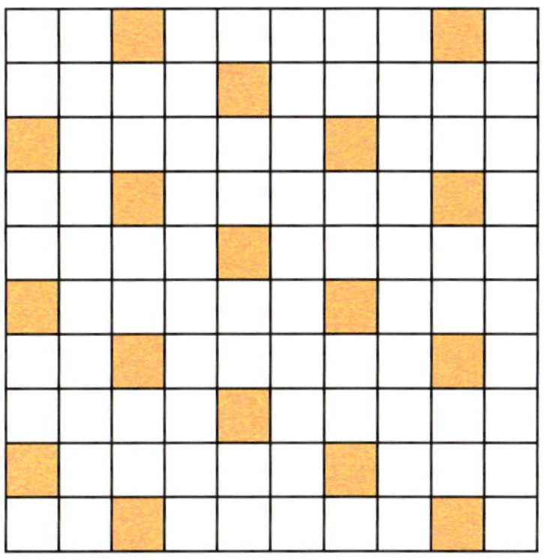

B

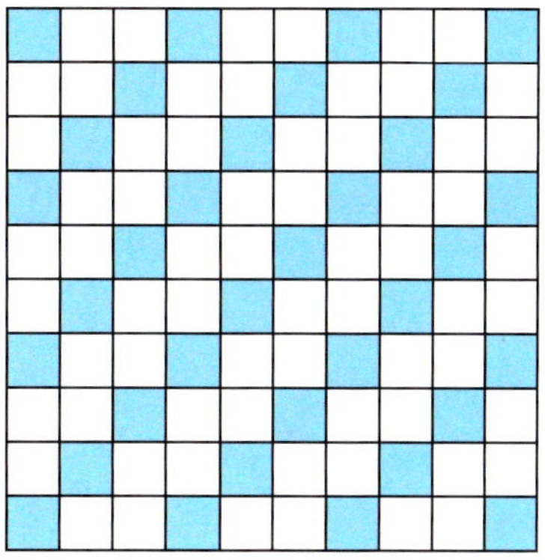

C

7

a. Nimm die Hundertertafel (Kopiervorlage). Färbe alle durch 3 teilbaren Zahlen.
Du erhältst die Antwort auf die Frage, wann eine Zahl durch 3 teilbar ist. Formuliere eine Vermutung und überprüfe sie auch an Zahlen, die größer als 100 sind.

b. Vergleiche die Muster A, B, C mit deinem selbst gezeichneten Muster. Beschreibe, was dir auffällt.

c. Beantworte für die Muster A, B, C: Welche Eigenschaft haben die gefärbten Kästchen?

8

a. Färbe alle durch 5 teilbaren Zahlen in der Hundertertafel ein. Was stellst du fest?

b. Was haben Zahlen, die durch 5 teilbar sind, gemeinsam? Formuliere einen Merksatz.

c. Finde heraus, welcher Rest beim Teilen durch 5 entstehen kann. Färbe die Zahlen mit dem gleichen Rest in einer Farbe ein. Du erhältst ein Muster.

9 Wie könnten Merksätze für die durch 2 teilbaren Zahlen bzw. für die durch 10 teilbaren Zahlen lauten? Verwende, wenn du möchtest, wieder die Hundertertafel.

10 Bestimme zwei Zahlen, die die folgenden Teiler haben:

a. 2 und 3 b. 3; 5 und 10 c. 2; 3; 4 und 5 d. 3; 10 und 20

Gemeinsames Vielfaches
Eine Zahl heißt gemeinsames Vielfaches von zwei gegebenen Zahlen, wenn beide Zahlen Teiler dieser Zahl sind.

Die kleinste Zahl unter den gemeinsamen Vielfachen zweier Zahlen heißt **kleinstes gemeinsames Vielfaches (kgV)** der beiden Zahlen.

11

a. Kennzeichne in der Hundertertafel (Kopiervorlage) alle Zahlen der Achterreihe mit einer Farbe und die Zahlen der Zwölferreihe mit einer anderen Farbe.

b. Welche gemeinsamen Vielfachen haben die beiden Zahlen 8 und 12?

c. Welches ist das kleinste gemeinsame Vielfache?

12 Bestimme die ersten sechs gemeinsamen Vielfachen der Zahlenpaare und das kgV.

a.	12 und 15	12 und 18	12 und 20	12 und 24	12 und 25	…
b.	4 und 5	6 und 5	7 und 5	8 und 5	9 und 5	…
c.	2 und 3	3 und 4	4 und 5	5 und 6	6 und 7	…

13 Hier findest du mehrere Vielfache einer Zahl. Welche Zahl könnte es sein?

a. 10; 15; 20; 30; 35

b. 14; 21; 28; 42; 70

c. 8; 24; 36; 40; 80

46 Jakob Steiner

Viele berühmte Frauen und Männer haben zur Entwicklung der Wissenschaft der Mathematik beigetragen. Vielleicht hast du schon einmal von Pythagoras, Adam Ries, Leonhard Euler, Carl Friedrich Gauß oder Emmy Noether gehört.

Lithografie aus dem Jahr 1841. Im Alter trug Jakob Steiner einen weißen Vollbart.

Jakob Steiner wurde am 18. März 1796 in der Nähe von Bern geboren. Er war das jüngste Kind eines Kleinbauern und er musste genauso wie seine vier Geschwister bei der Arbeit auf dem Hof mithelfen. Zum Ein- und Verkaufen zogen sie zu Fuß in eine 15 km entfernte Kleinstadt zum Markt. Da Jakob gut Kopfrechnen konnte, half er den Bauern und Händlern beim Ausrechnen der Preise.

Die Schule war damals Nebensache. Die Kinder mussten hauptsächlich Kirchenlieder und das Einmaleins auswendig lernen. Erst mit 14 Jahren lernte Jakob lesen und schreiben. Als Jakob 18 Jahre alt war verließ er gegen den Willen der Eltern den Hof und ging zu einer Schule, die Heinrich Pestalozzi gegründet hatte. Dort wurde nach einem selbst geschriebenen Buch Rechnen und Geometrie unterrichtet. Bald unterrichtete auch Jakob Steiner dort.

Als er 21 Jahre alt war, begab er sich dem Rat anderer Lehrer folgend nach Heidelberg, um dort Mathematik zu studieren. Den über 400 km weiten Weg legte er zu Fuß zurück. Während seines Studiums verdiente er sich seinen Lebensunterhalt als Hauslehrer. Ohne sein Studium abzuschließen, verließ er die Universität in Heidelberg und zog nach Berlin.

Auch dort arbeitete er zunächst als Privatlehrer. Bald wurde er ein angesehener Gelehrter. 1833 verlieh ihm die Universität von Königsberg einen Ehrendoktortitel. 1834 wurde Steiner als Professor für Geometrie an die Universität Berlin berufen.

Oft besuchte er seine alte Heimat in der Schweiz, bis er schließlich ganz dort blieb und in Bern wohnte. Er lebte allein und galt mit zunehmendem Alter als Sonderling. Er starb am frühen Morgen des 1. April 1863. Einen Teil seines Geldes vermachte er seiner Heimatgemeinde mit der Verfügung, dass die Zinsen hieraus als Prämie an die Schüler auszuzahlen seien, die am besten im Kopfrechnen waren.

Jakob Steiner war ein genialer Mathematiker. Eine mathematische Regel und zwei Probleme wurden nach ihm benannt. Für das Zerlegungsproblem der Ebene kannst du die Lösung selbst finden.

L *Die Kurzbiografie Jakob Steiners lesen. Erste Auseinandersetzung mit dem Zerlegungsproblem. Versuchen, dem Zerlegungsproblem auf die Spur zu kommen.*

Das Zerlegungsproblem von Jakob Steiner

Nimm ein rechteckiges Blatt Papier. Teile das Blatt durch eine gerade Strecke von einem Rand zu einem anderen in zwei Gebiete. Du kannst eine zweite Strecke von Rand zu Rand zeichnen. Dabei gibt es zwei Möglichkeiten:

A

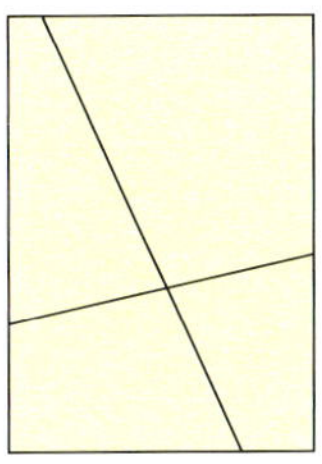

B

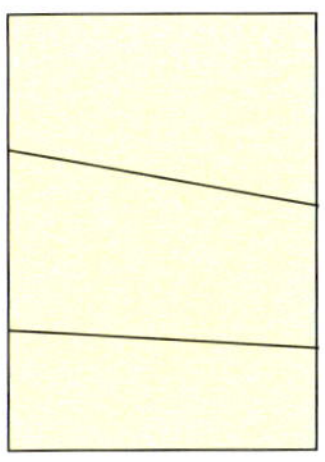

A Die zweite Strecke schneidet die erste.
In diesem Fall gibt es 4 Gebiete auf dem Blatt.

B Die zweite Strecke schneidet die erste nicht.
In diesem Fall gibt es 3 Gebiete auf dem Blatt.

Jakob Steiner hat sich zu dieser Ausgangslage einige Fragen gestellt. Wie viele Schnittpunkte sind mit 1; 2; 3, … Geraden höchstens möglich?
Wie viele Gebiete sind mit 1; 2; 3, … Geraden höchstens möglich?

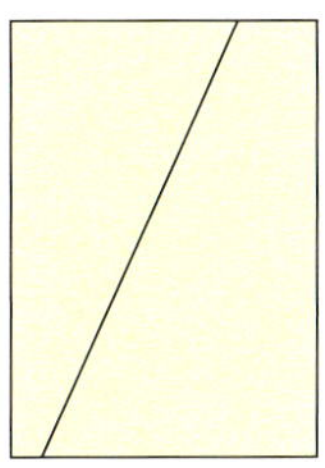

1 Gerade
0 Schnittpunkte
2 Gebiete

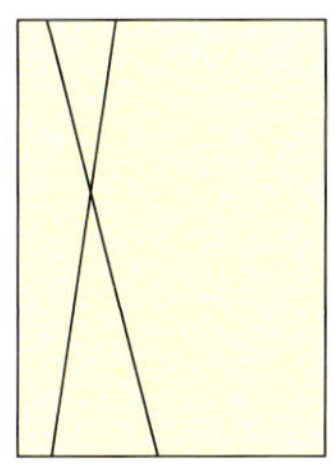

2 Geraden
1 Schnittpunkt
4 Gebiete

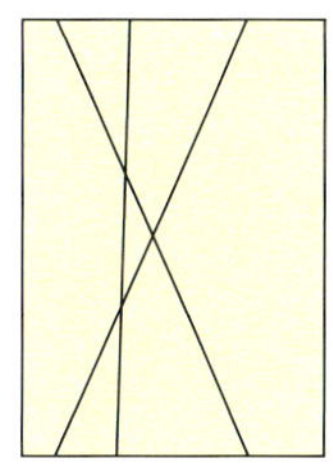

3 Geraden
3 Schnittpunkte
7 Gebiete

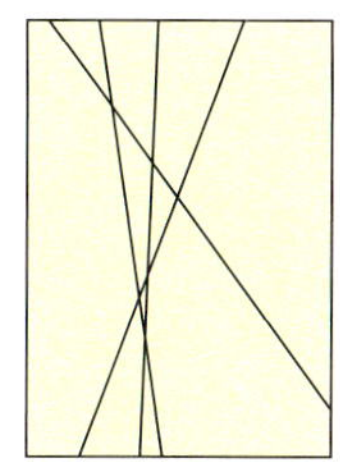

4 Geraden
6 Schnittpunkte
11 Gebiete

1 Worauf musst du achten, wenn du so viele Schnittpunkte und Gebiete wie möglich erhalten willst?

2 Wie viele Schnittpunkte und wie viele Gebiete sind maximal möglich bei 5 Geraden?

3

a. Erstelle eine Tabelle der folgenden Art:

Anzahl Geraden	1	2	3	4	5	6	7	8	9			
max. Anzahl Schnittpunkte	0	1	3	6								
max. Anzahl Gebiete	2	4	7	11								

b. Vergleiche die beiden unteren Reihen. Formuliere, was dir auffällt.

4 Für die maximale Anzahl der Schnittpunkte bei 4 Geraden gilt, dass die doppelte Anzahl der Schnittpunkte dem Produkt von 3 und 4 entspricht. Prüfe, ob Ähnliches auch für andere Anzahlen von Geraden gilt und vermute, wie viele Schnittpunkte und Gebiete es maximal bei 100 Geraden gibt.

5 Du kannst deine Zeichnung färben. Zwei benachbarte Gebiete sollen wie auf einer Landkarte verschiedene Farben haben. Wie viele Farben brauchst du unbedingt?

Mathematische Begriffe

Folgende mathematische Begriffe spielen in den genannten **Lernumgebungen** eine wichtige Rolle.

Achsenspiegelung
6; 7

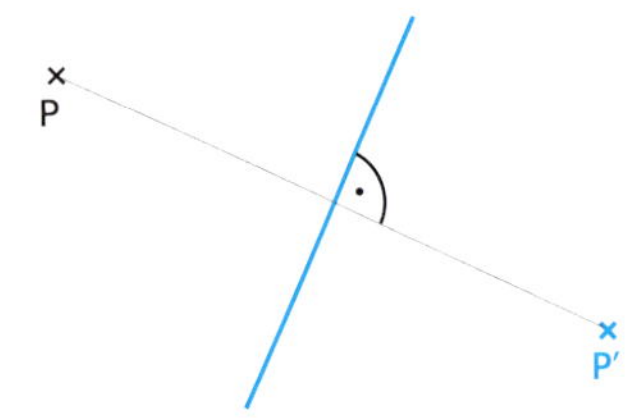

Achsensymmetrie, achsensymmetrisch 6; 7

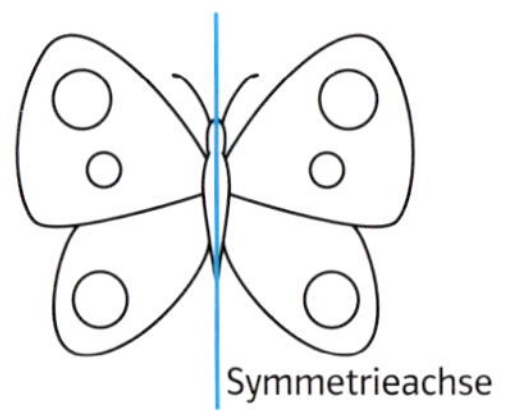

Addition, addieren 3; 4; 31

5 + 3; l + b

Anteil
18 – 21; 29; 30

6 von 24

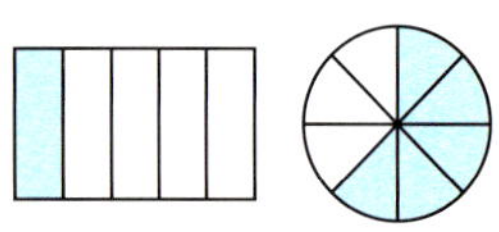

$\frac{6}{24}$ $\frac{1}{5}$ $\frac{5}{8}$

Arithmetisches Mittel (Durchschnitt) 9

verschiedene Preise:
2 €; 4 €; 3 €; 1 €
arithmetisches Mittel:
$\frac{2+4+3+1}{4} = 2{,}5$
Der Durchschnittspreis ist 2,50 €.

Balkendiagramm
5; 9; 39

siehe Diagramm

Bruch, Bruchteil
18–21; 29; 30

siehe Anteil

Dezimalbruch
34; 35

$1{,}43 = 1 + \frac{4}{10} + \frac{3}{100}$

Diagramm/Grafik
5; 28; 39

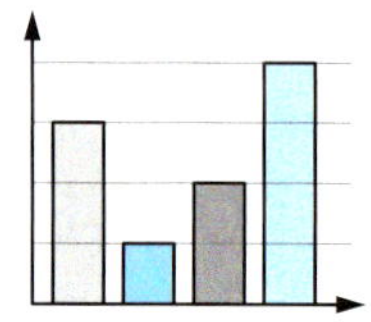

Säulendiagramm

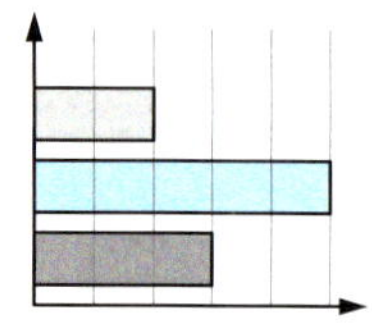

Balkendiagramm

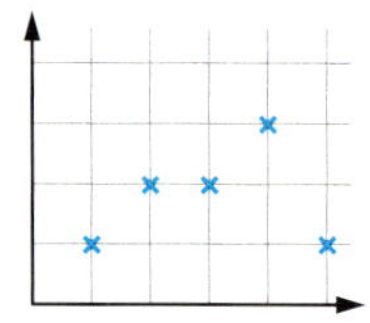

Punktdiagramm

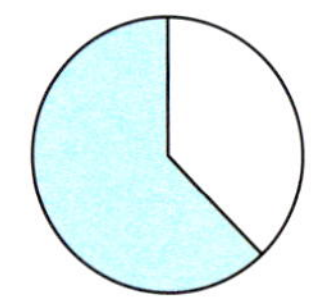

Kreisdiagramm

Differenz
3; 4; 31

7 – 5; 36 – z

Division, dividieren
4

10 : 2; x : 3

Dreieck
7

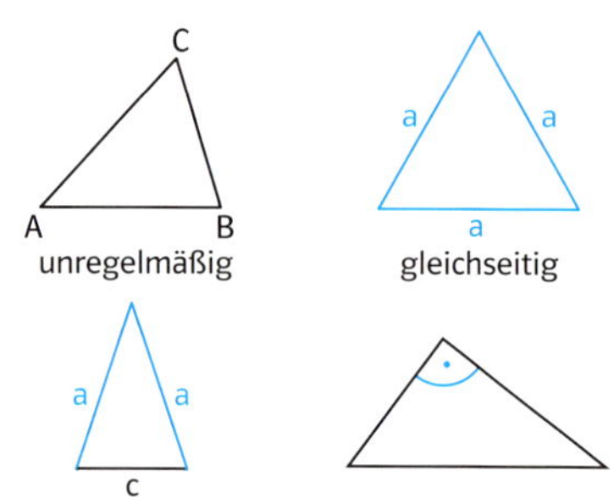

Durchmesser
25

siehe Kreis

Durchschnitt
9

siehe Arithmetisches Mittel

Einheit (Maßeinheit)
2; 22

5 kg; 6 mm; 120 l

Flächeninhalt, Fläche
10; 22

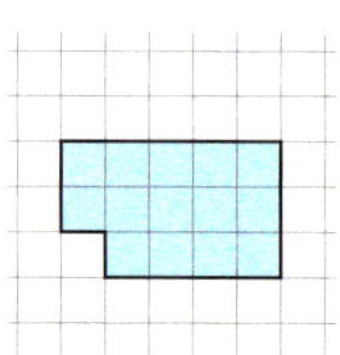

14 Kästchen

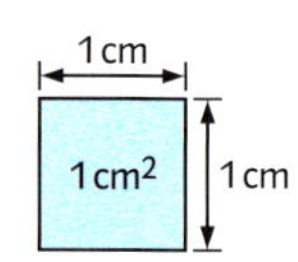

$1\,cm^2 = 100\,mm^2$

Gerade, Halbgerade
6; 7

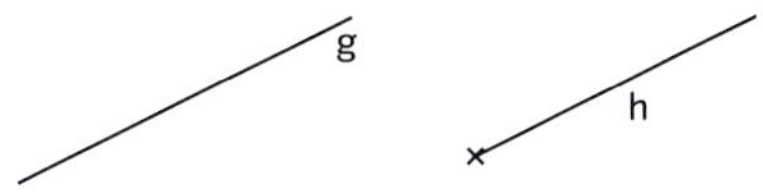

Geschwindigkeit
1; 2

$20\,\frac{km}{h}$; $5\,\frac{m}{s}$

Gleichung
22; 32; 41; 43

3 + 2 = 10 : 2;
x + 2 = 5
V = l · b · h (Quadervolumen)

Größe
1; 2; 13; 26

Eine Größe besteht aus Maßzahl und Einheit (Maßeinheit).
5 kg; 6 min; 120 l

Häufigkeitstabelle
5; 28

Klasse 5b, Klassenarbeit Nr. 2

Note	1	2	3	4	5	6
Anzahl	III	~~IIII~~	~~IIII~~ I	III	I	

Klammern
33

((2 + 25) · 3)
(2 + 25): wird zuerst berechnet
((2 + 25) · 3): wird danach berechnet

Körper
37

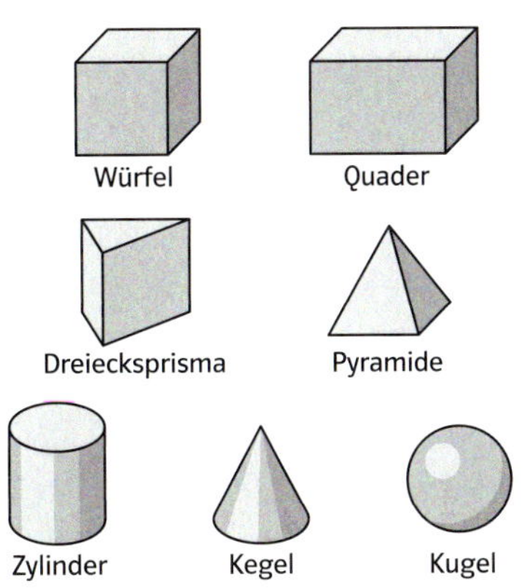

Kreis
21; 24

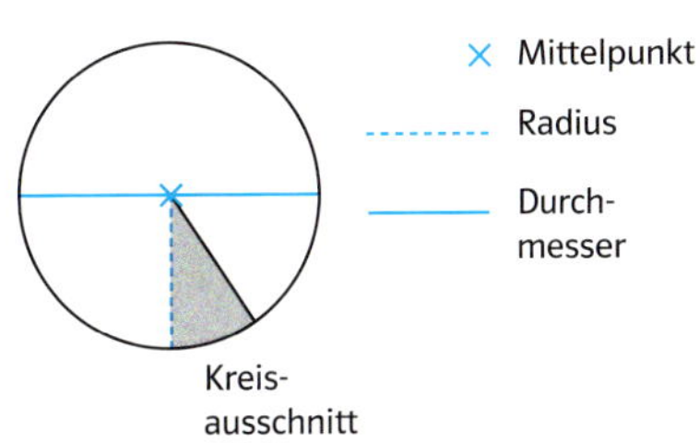

Länge
1; 2; 27

2,5 m; 3 mm; 6 km

Maßstab
25

1 : 200; 1 cm ≙ 200 cm
1 cm in der Zeichnung entspricht 200 cm in Wirklichkeit

Maßzahl
2; 13; 22

5 m; $\frac{3}{4}$ kg; 7,5 s

Mittelwert
9

siehe Arithmetisches Mittel
siehe Zentralwert

Multiplikation, multiplizieren
4; 14; 31

5 · 3; 7 · b

Natürliche Zahlen
3; 4

0; 1; 2; 3; 4; …

Negative Zahlen
8

−3; −1,5; $-\frac{1}{2}$

Netz
36; 37

siehe Quadernetz

Oberfläche
36; 37

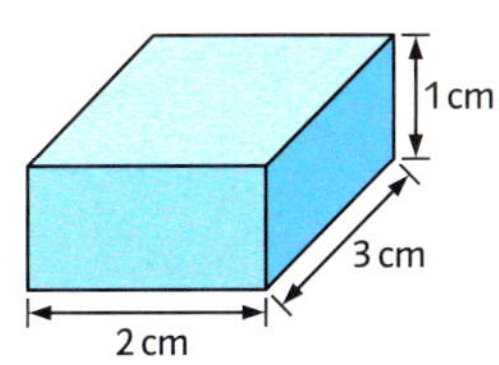

$O = 2 \cdot 2\,cm^2 + 2 \cdot 6\,cm^2 + 2 \cdot 3\,cm^2$
$= 4\,cm^2 + 12\,cm^2 + 6\,cm^2$
$= 22\,cm^2$

Potenzschreibweise
45

$2 \cdot 2 \cdot 2 = 2^3$; $10 \cdot 10 = 10^2$

parallel
9; 24

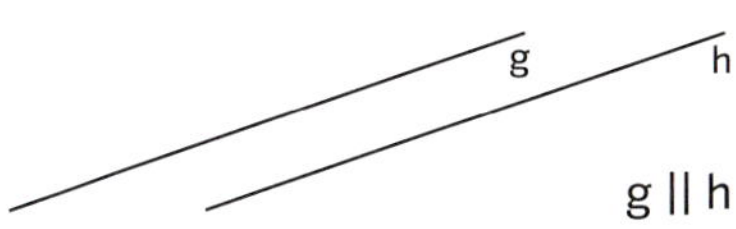

Parallelogramm
7

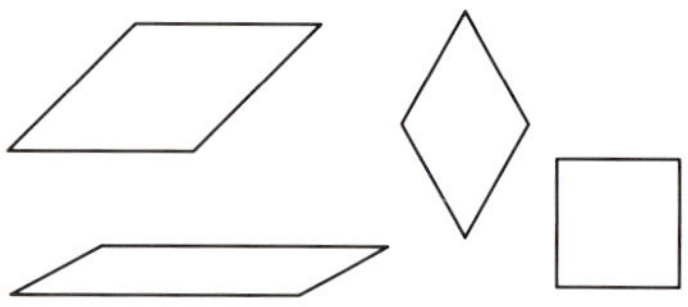

Primzahl
44; 45

2; 3; 5; 7; 11; …

Primfaktorzerlegung
44

$12 = 2 \cdot 2 \cdot 3$

Produkt
4; 14; 31

$7 \cdot 5$; $l \cdot b$

Proportionalität, proportional
10; 15; 16

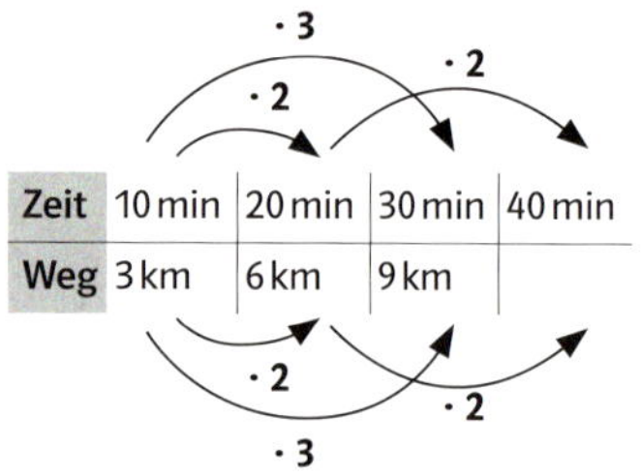

Zeit	10 min	20 min	30 min	40 min
Weg	3 km	6 km	9 km	

Quader
36; 37

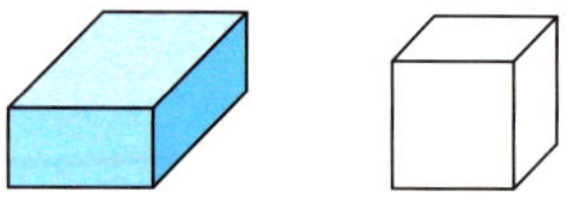

Quadernetz
37

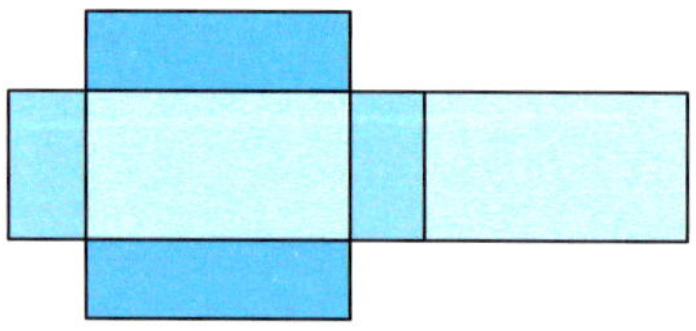

Quadrat
7

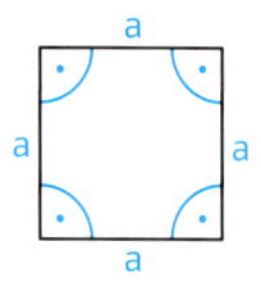

Quadratzahl
44

$1 = 1 \cdot 1$; $4 = 2 \cdot 2$; $9 = 3 \cdot 3$;
$16 = 4 \cdot 4$

Quersumme
45

QS (458) = 4 + 5 + 8 = 17

Quotient
4; 14; 31

8 : 2; a : b

Radius
21; 24

siehe Kreis

Rangliste
39

Alle Werte sind der Größe nach geordnet.
1. Julia; 17 s
2. Thomas; 19 s
3. Lena; 20 s

Rauminhalt
43

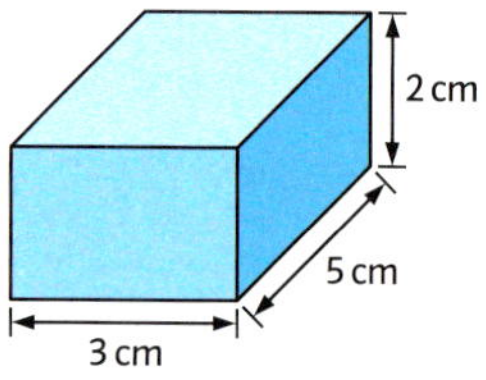

Rauminhalt des Quaders
$V = 3\,\text{cm} \cdot 5\,\text{cm} \cdot 2\,\text{cm}$
$= 30\,\text{cm}^3$

Raute
7

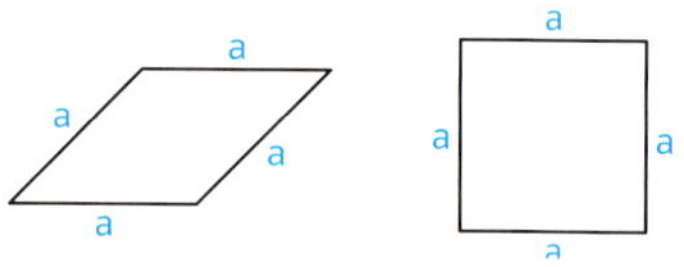

Rechenbaum
33

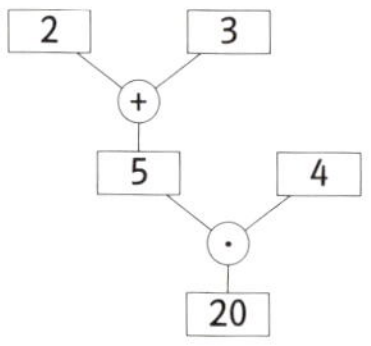

$(2 + 3) \cdot 4 = 20$

Rechteck
7; 22

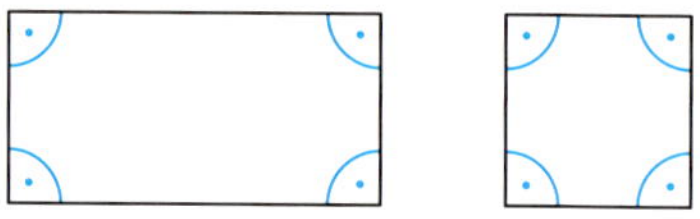

rechtwinklig
6; 24

Zueinander senkrechte (orthogonale) Geraden oder Strecken bilden rechte Winkel.
siehe senkrecht

Runden
12; 25; 42

27,8 ≈ 28; 27,2 ≈ 27
27,25 ≈ 27,3

Schnittpunkt
23; 24; 46

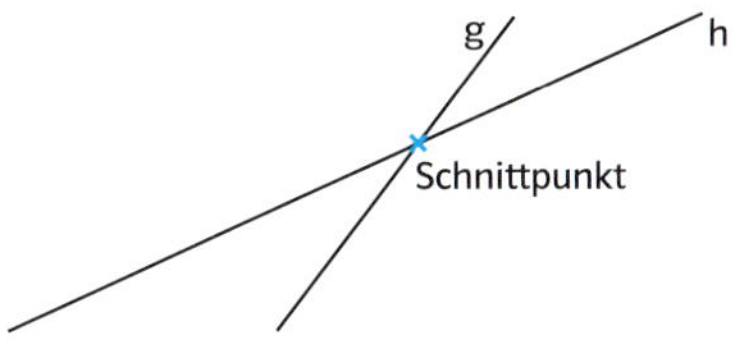

Schrägbild
36; 37

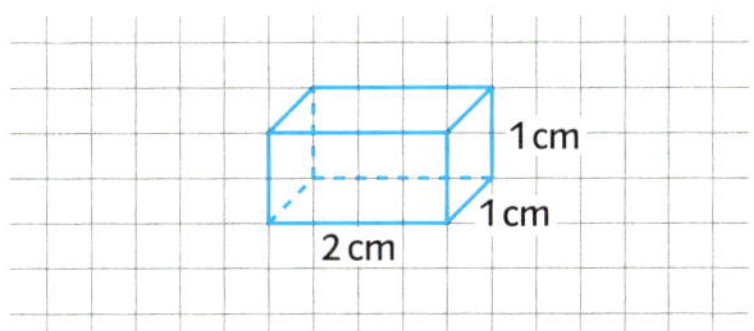

senkrecht (orthogonal)
6; 24

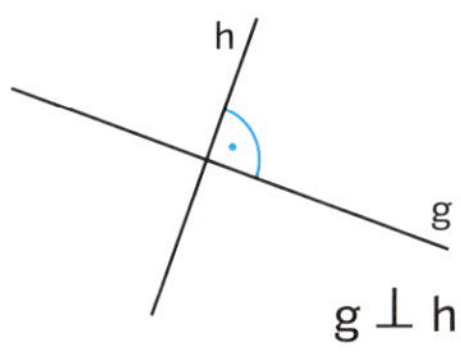

$g \perp h$

Stellen(wert)tafel
4; 35

H	Z	E	z	h
•	••••	••		••

142,02

Stufenzahlen
3

1; 10; 100; 1000; …

Strecke
1; 46

Strecke $\overline{AB}$

Strichliste
5; 28

rot	blau	grün
𝍸 I	𝍸 𝍸 I	III

Subtraktion, subtrahieren
3; 4; 31

siehe Differenz

Summe
4; 14; 31

5 + 3; l + b
5 und 3 bzw. l und b …
heißen Summanden.

Symmetrieachse
6; 7

siehe Achsensymmetrie

Teiler
45

$12 = 1 \cdot 12 = 2 \cdot 6 = 3 \cdot 4$
$= 3 \cdot 2 \cdot 2$

Term
22; 32; 33; 41; 43

$4l + 6b + 6h$; $a \cdot b$

Trapez
7

Umfang
10

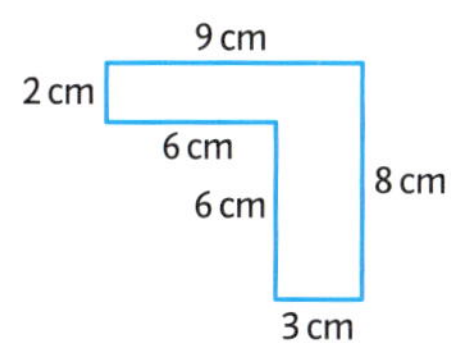

u = 2 cm + 9 cm
+ 8 cm + 3 cm
+ 6 cm + 6 cm
= 34 cm

umgekehrt proportional
16

·4
·2

Glasgröße	0,1 l	0,2 l	0,4 l
Gläserzahl	20	10	5

:2
:4

Umkehrrechnung
32

Rechnung	Umkehrrechnung
$3 \cdot 5 = 15$	$15 : 5 = 3$
$3 + 5 = 8$	$8 - 5 = 3$
$10 - 7 = 3$	$3 + 7 = 10$
$10 : 2 = 5$	$5 \cdot 2 = 10$

Ungleichung
32

$3 + 1 \neq 10 : 2$ lies: nicht gleich
$3 + 1 < 10 : 2$ lies: kleiner
$10 : 2 > 3 + 1$ lies: größer

Variable
31

$6 \cdot s + 3$; $2 \cdot x = 10$

Vielfache
45

von 3: $3 \cdot 1$; $3 \cdot 2$; $3 \cdot 3$; $3 \cdot 4$; …

Viereck
7

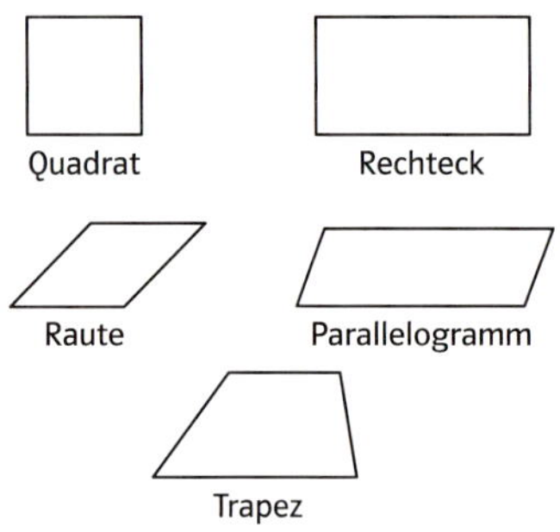

Volumen
43

siehe Rauminhalt

Würfel
36; 38

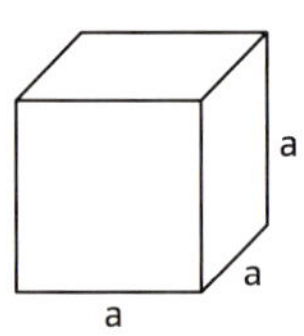

Zahlenstrahl
3; 34

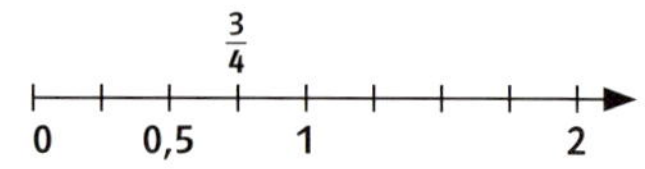

Zehnerpotenz
20; 35

$100 = 10 \cdot 10 = 10^2$
$10\,000 = 10 \cdot 10 \cdot 10 \cdot 10 = 10^4$

Zeitpunkt
11; 27

8:06 Uhr; 9:00 Uhr

Zeitspanne
11; 27

8:06 Uhr —54 min→ 9:00 Uhr

Zentralwert
9

7 m; 9 m; 9 m; 11 m; 12 m; 12 m; 15 m

Bildquellenverzeichnis

U1.1 shutterstock (Mireille Miller), New York, NY; **6.1; 6.2; 6.3; 6.5** Deutsche Lufthansa AG, Köln; **6.4** Picture-Alliance (dpa), Frankfurt; **9.1** creativ collection Verlag GmbH, Freiburg; **9.4** Keystone (P. Hammerschmidt/OKAPIA), Hamburg; **11.1** MEV Verlag GmbH, Augsburg; **15.1** Picture-Alliance (Globus Infografik GmbH), Frankfurt; **16.1** iStockphoto (RF/Rafael Ramirez Lee), Calgary, Alberta; **16.2** Henri Stierlin, Genf; **17.3; 17.4** Henri Stierlin, Genf; **18.1** Klett-Archiv (Simianer & Blühdorn), Stuttgart; **19.1** creativ collection Verlag GmbH, Freiburg; **19.3** Klett & Balmer & Co (Pascale Eggermann, Luzern), Zug; **20.1** Klett & Balmer & Co (Pascale Eggermann, Luzern), Zug; **20.2** AKG, Berlin; **21** Ullstein Bild GmbH (Granger Collection), Berlin; **22** Klett-Archiv (Simianer & Blühdorn), Stuttgart; **23.1** Klett-Archiv (Simianer & Blühdorn), Stuttgart; **23.3** imago sportfotodienst (Claus Bergmann), Berlin; **24.1** Keller, Markus, Singen; **25.1; 25.2; 25.3; 25.4** Klett & Balmer & Co (Pascale Eggermann, Luzern), Zug; **27.1** Deutsche Bahn AG (Schmid), Frankfurt am Main; **28.1** Klett-Archiv (Simianer & Blühdorn), Stuttgart; **28.2; 28.3** EZB (Klett-Perthes, Gotha), Frankfurt; **30** MEV Verlag GmbH, Augsburg; **33.1** Imago Stock & People (Steffen Schellhorn), Berlin; **35.1; 35.2; 35.3** Klett & Balmer & Co (Pascale Eggermann, Luzern), Zug; **36.2** shutterstock (Scott Sanders), New York, NY; **37** Avenue Images GmbH (Corbis RF), Hamburg; **38.1; 38.2; 38.3; 38.4; 38.5; 38.6; 38.7; 38.8; 38.9; 38.10; 38.11; 38.12; 38.13; 38.14** Klett & Balmer & Co, (Pascale Eggermann, Luzern), Zug; **39.1; 39.2; 39.3; 39.4; 39.5; 39.6; 39.7; 39.8; 39.9; 39.10; 39.11; 39.12; 39.13; 39.14; 39.15; 39.16; 39.17** Klett & Balmer & Co, (Pascale Eggermann, Luzern), Zug; **40.1; 40.2; 40.3** Klett-Archiv (Simianer & Blühdorn), Stuttgart; **41.2; 41.3** Klett & Balmer & Co (Pascale Eggermann, Luzern), Zug; **41.4** Getty Images RF (PhotoDisc), München; **44.1; 44.2; 44.3; 44.4; 44.5; 44.6; 44.7; 44.8; 44.9; 44.10; 44.11; 44.12; 44.13** Klett & Balmer & Co (Pascale Eggermann, Luzern), Zug; **45.1** Max, Binia + Jakob Bill Stiftung/VG Bild-Kunst, Bonn, 2009; **45.2** Ringier Dokumentation Bild (RDB) (Höltschi), Zürich; **46.1; 47.1** Klett-Archiv (Simianer & Blühdorn), Stuttgart; **48.3** shutterstock (breezeart.us), New York, NY; **49.1** Keller, Markus, Singen; **50.1** Kunstmuseum Winterthur, Winterthur; **50.2** Ringier Dokumentation Bild (RDB) (Bild + News), Zürich; **50.3** Klett & Balmer & Co (Pascale Eggermann, Luzern), Zug; **52.3; 52.4; 52.7** Klett & Balmer & Co (Pascale Eggermann, Luzern), Zug; **54.2** Klett & Balmer & Co (Pascale Eggermann, Luzern), Zug; **55.3** Klett & Balmer & Co (Pascale Eggermann, Luzern), Zug; **56.2** iStockphoto (Mariusz Niedzwiedzki), Calgary, Alberta; **57.1** Köln-Düsseldorfer Deutsche Rheinschiffahrt AG, Köln; **57.2** Klett & Balmer & Co (Pascale Eggermann, Luzern), Zug; **57.3** shutterstock (Eugene Berman), New York, NY; **57.4** shutterstock (RF/Michaela Steininger), New York, NY; **60.1; 60.3; 60.4; 60.5; 60.7; 60.8; 60.9** Klett & Balmer & Co (Pascale Eggermann, Luzern), Zug; **60.2** shutterstock (Tad Denson), New York, NY; **61.1** Avenue Images GmbH (PhotoDisc), Hamburg; **61.2** Klett & Balmer & Co (Pascale Eggermann, Luzern), Zug; **62.1** Klett & Balmer & Co (Pascale Eggermann, Luzern), Zug; **63.2; 63.3; 63.4; 63.5; 63.6; 63.7; 63.8; 63.9; 63.10; 63.11; 63.12; 63.13; 63.14; 63.15; 63.16; 63.17** Klett & Balmer & Co (Pascale Eggermann, Luzern), Zug; **64.1;** Klett-Archiv (Simianer & Blühdorn), Stuttgart; **64.2; 64.3; 64.4; 64.5; 64.6; 64.7; 64.8; 64.9** Klett & Balmer & Co (Pascale Eggermann, Luzern), Zug; **66.1; 66.2; 66.3; 66.21; 66.25** Klett & Balmer & Co (Pascale Eggermann, Luzern), Zug; **67.1; 67.2; 67.5** Klett & Balmer & Co (Pascale Eggermann, Luzern), Zug; **68** Klett-Archiv (Simianer & Blühdorn), Stuttgart; **71.1** creativ collection Verlag GmbH, Freiburg; **73.1** Klett & Balmer & Co (Pascale Eggermann, Luzern), Zug; **74** Klett & Balmer & Co (Pascale Eggermann, Luzern), Zug; **77.1** MEV Verlag GmbH, Augsburg; **78.1** Klett & Balmer & Co (Pascale Eggermann, Luzern), Zug; **79.7** Klett & Balmer & Co (Pascale Eggermann, Luzern), Zug; **80.1; 80.2; 80.3** Klett-Archiv (Simianer & Blühdorn), Stuttgart; **80.4** Klett-Archiv (KD Busch Fotostudio GmbH), Stuttgart; **81.1** creativ collection Verlag GmbH, Freiburg; **81.2; 81.3** Klett-Archiv (Simianer & Blühdorn), Stuttgart; **82.1** Picture-Alliance (dpa-Bildarchiv), Frankfurt; **83.1** JupiterImages photos.com (photos.com), Tucson, AZ; **86.1; 86.2** Klett & Balmer & Co (Pascale Eggermann, Luzern), Zug; **87.1** Klett-Archiv (Simianer & Blühdorn), Stuttgart; **88.1; 88.2; 88.3; 88.4; 88.5** Klett & Balmer & Co (Pascale Eggermann, Luzern), Zug; **89.1** MEV Verlag GmbH, Augsburg; **89.3** Klett & Balmer & Co (Pascale Eggermann, Luzern), Zug; **90.3** PantherMedia GmbH (Dietrich P.), München; **91.1** Picture-Alliance (dpa/Reeh), Frankfurt; **91.3** Klett & Balmer & Co (Pascale Eggermann, Luzern), Zug; **94.1; 94.2; 94.3; 94.4; 94.5; 94.6; 94.7; 94.8; 94.9; 94.10; 94.11; 94.12; 94.13; 94.14; 94.15; 94.16; 94.17; 94.18; 94.19; 94.20; 94.21; 94.22; 94.23; 94.24** Klett & Balmer & Co (Pascale Eggermann, Luzern), Zug; **96** Klett & Balmer & Co, Zug

Nicht in allen Fällen war es uns möglich, den Rechteinhaber der Abbildungen ausfindig zu machen. Berechtigte Ansprüche werden selbstverständlich im Rahmen der üblichen Vereinbarungen abgegolten.

Geld							1000 €	: 10 → ← · 10	100 €	: 10 → ← · 10	10 €	: 10 → ← · 10	**1 €**	: 10 → ← · 10	10 ct	: 10 → ← · 10	**1 ct**		
Gewichte (Massen)	**1 t**	: 10 → ← · 10	100 kg	: 10 → ← · 10	10 kg	: 10 → ← · 10	**1 kg**	: 10 → ← · 10	100 g	: 10 → ← · 10	10 g	: 10 → ← · 10	**1 g**	: 10 → ← · 10	100 mg	: 10 → ← · 10	10 mg	: 10 → ← · 10	**1 mg**
Längen							**1 km**	: 10 → ← · 10	100 m	: 10 → ← · 10	10 m	: 10 → ← · 10	**1 m**	: 10 → ← · 10	**1 dm**	: 10 → ← · 10	**1 cm**	: 10 → ← · 10	**1 mm**
Flächenmaße							**1 km^2**	: 100 → ← · 100	1 ha	: 100 → ← · 100	1 a	: 100 → ← · 100	**1 m^2**	: 100 → ← · 100	**1 dm^2**	: 100 → ← · 100	**1 cm^2**	: 100 → ← · 100	**1 mm^2**
Raummaße							**1 km^3**			: 1 000 000 000 → ← · 1 000 000 000			**1 m^3**	: 1000 → ← · 1000	**1 dm^3** = 1 l	: 1000 → ← · 1000	**1 cm^3** = 1 ml	: 1000 → ← · 1000	**1 mm^3**
Hohlmaße							10 hl	: 10 → ← · 10	**1 hl**	: 10 → ← · 10	10 l	: 10 → ← · 10	**1 l** = 1 dm^3	: 10 → ← · 10	**1 dl**	: 10 → ← · 10	**1 cl**	: 10 → ← · 10	**1 ml** = 1 cm^3
Zeit							**1 Tag**	: 24 → ← · 24	**1 h**	: 60 → ← · 60	**1 min**	: 60 → ← · 60	**1 s**	: 10 → ← · 10	$\frac{1}{10}$ s	: 10 → ← · 10	$\frac{1}{100}$ s	: 10 → ← · 10	$\frac{1}{1000}$ s

1 t = 1000 kg   1 kg = 0,001 t

1 kg = 1000 g   1 g = 0,001 kg

1 g = 1000 mg   1 mg = 0,001 g

1 km = 1000 m   1 m = 0,001 km

1 m = 10 dm   1 dm = 0,1 m
1 m = 100 cm   1 cm = 0,01 m
1 m = 1000 mm   1 mm = 0,001 m

1 hl = 100 l   1 l = 0,01 hl

1 l = 10 dl   1 dl = 0,1 l
1 l = 100 cl   1 cl = 0,01 l
1 l = 1000 ml   1 ml = 0,001 l